我的美丽日记

自制天然面膜100款

优图生活 编著

廣東旅游出版社
GUANGDONG TRAVEL & TOURISM PRESS
悦读书·悦旅行·悦享人生

图书在版编目（CIP）数据

我的美丽日记：自制天然面膜100款 / 优图生活编著. -- 广州：广东旅游出版社, 2013.8
ISBN 978-7-80766-525-0

Ⅰ. ①我… Ⅱ. ①优… Ⅲ. ①面－美容－基本知识Ⅳ. ①TS974.1

中国版本图书馆CIP数据核字(2013)第141251号

策划编辑：蔡子凤
责任编辑：蔡子凤
静物摄影：马 骐 陈 鹏 小 抹
人物摄影：安 杰
人像模特：陈 娇
封面设计：宋 涛
内文设计：谢晓丹
责任校对：李瑞苑
责任技编：刘振华

广东旅游出版社出版发行
（广州市越秀区先烈中路76号中侨大厦22楼D、E单元 邮编：510095）
邮购电话：020-87348243
广东旅游出版社图书网
www.tourpress.cn
广州市官侨彩印有限公司印刷
（广州市番禺石楼官桥村）
889毫米×1194毫米 24开 6印张 60千字
2013年第1版第1次印刷
定价：22.00元

目录 Contents

Part2 天然食物面膜 47

Part3 汉方中药面膜 85

Part4 花草植物面膜 109

Part5 芳香精油面膜 121

Part6 创意合成面膜 131

附录：面膜功效索引 142

一、活颜悦色美肤计

日常护肤中，按摩+面膜是使MM肌肤瞬间提升的黄金法则。80%的女人在疲劳和沮丧的时候，在想要宠爱自己的时候会享受面膜给她们带来的呵护。

爱美的你应该留意到，敷完面膜后用手指给脸部做简单的按摩，从3秒到3分钟，能高倍增加面膜效力。这是因为按摩给予肌肤适度刺激，提供肌肤内部能量和活氧，让新陈代谢变得正常，同时还可将老废物质排出体外，有利于保养品的吸收。

学会面部按摩，对于喜欢敷面膜的你来说，绝对是锦上添花哦！

虽然自制面膜大多是用新鲜的水果、蔬菜或者常见的天然食材来制作的，但这并不意味着对皮肤完全有益无害。不同肤质的MM应当有选择性地选用天然面膜，即使“天然”，也一定要“对症下药”。在家DIY一款豪华享受的脸部面膜，让它和指尖的按摩并肩作战，告诉姐妹们，这就是屡试不爽的活颜悦色美肤计！

Part 1

自制面膜也要“对症下药”

虽然自制面膜大多是用新鲜的水果、蔬菜或者常见的天然食材来制作的，但这并不意味着这些闻起来会让人十分有食欲的天然食物面膜就对皮肤完全有益无害哦。不区别肤质，毫无选择地使用天然面膜，或者过度使用，都会对你娇嫩的面部皮肤造成一定的伤害。

举个最明显的例子，就是含有果酸的天然面膜不适于敏感肤质的MM使用；而油性肤质的MM若经常误用适合干性肤质的超滋润、超营养面膜，肯定会面临一脸痘痘和油脂的惨状。此外，过度使用清洁型的面膜，会让本来角质就较薄的面部变得更加脆弱，很可能一不小心就会把皮肤搞成敏感肤质哦。

季节的因素也要考虑进去，比如夏季因为汗腺和皮脂腺分泌活跃，可以用一些具有清洁和收敛作用的面膜，如黄瓜面膜；冬季皮肤干燥，则可以用保湿面膜，如牛奶、蛋清和香蕉面膜等。

所以说，即使是天然自制面膜，也一定要“对症下药”。

不同肤质的“膜”法建议

肤质	特征	保养建议	面膜建议
中性肤质	皮肤既不油腻又不干燥，组织紧密，纹路排列整齐，毛孔细小，光滑细嫩，柔软且富于弹性。	这种类型的皮肤对护肤品的选择面较宽。但要注意坚持保养，以免肤质改变。	每周可敷1次深层清洁面膜，1～2次补水保湿面膜，2次美白祛斑面膜，2次去皱抗衰老面膜。
干性肤质	皮肤没有光泽，毛孔细小，干燥粗糙，缺乏弹性。皮肤较薄，易长皱纹和色斑，也易出现脱皮、干裂、发痒或皲裂等。	特别注意保湿、滋润保养。预防因紫外线伤害而造成皱纹、斑点。少做夸张的表情，避免皱纹过早出现。	每两周可敷1次深层清洁面膜，2～3次补水保湿面膜，1次美白祛斑面膜，1次去皱抗衰老面膜。
油性肤质	皮脂分泌多，面部及T型区可见油光；皮肤纹理粗糙，易受污染；抗菌力弱，易生痤疮；附着力差，化妆后易掉妆；较能经受外界刺激，不易老化，面部出现皱纹较晚。	注意彻底清洁肌肤，加强去角质、敷面及收缩毛孔的特别护理。少吃高热量、油性、辛辣食物，多吃水果、蔬菜。	每周可敷1～2次深层清洁面膜，1～2次补水保湿面膜，2次美白祛斑面膜，2次去皱抗衰老面膜。
混合型肤质	前额、鼻翼、下巴处为油性，毛孔粗大，油脂分泌较多，甚至可发生痤疮，而其他部位如面颊部，呈现出干性或中性皮肤的特征。	使用护肤品时，先滋润较干的部位，再擦拭其他部位。注意适时补水、补营养成分，调节皮肤的平衡。	每周可敷1～2次深层清洁面膜，1～2次补水保湿面膜，2次美白祛斑面膜，2次去皱抗衰老面膜。
过敏肤质	皮肤表皮层较薄，易出现红血丝；肤色较白嫩，但显得干燥，经风吹、日晒，以及外界刺激，常会有刺痒的感觉，并且容易出现一片一片的红斑。	重点是镇静肌肤、加强保湿，避免使用刺激性护肤品。护肤品要清爽，让肌肤无负担，增强肌肤防御力。	可以使用一些防过敏的面膜，不要太勤。同时，要谨慎使用天然果蔬汁液敷面，因为其中的果酸成分易诱发日光性皮炎等过敏反应，出现红斑丘疹。

超简单的肤质自测法

用一块比较温和的香皂，彻底清洁你的皮肤。清洗以后，皮肤有种紧绷的感觉，这是正常的反应，因为皮肤表面的皮脂膜被洗去了，还来不及分泌、重新形成新的皮脂膜。此时，先不要抹任何护肤品，观察一下紧绷的感觉何时消失。

油性皮肤：20分钟内皮肤的紧绷感已经消失。
中性皮肤或混合性皮肤：30分钟左右皮肤紧绷感消失。
干性皮肤：40分钟以后皮肤的紧绷感才消失。

这个小测试虽然简单，但结果一般都是准确的。如果觉得做一次测试还不放心的话，还可以做一个确认测试，也很简单。就是临睡前将脸洗净，不要使用任何护肤品，第二天早晨，用吸油面纸压拭整个脸部。

油性皮肤：纸巾上留下大片的油迹，纸巾呈透明状。
中性皮肤：纸巾上油迹面不大，纸巾呈微透明状。
干性皮肤：纸巾上基本不沾油迹，纸巾几乎不透明。
混合性皮肤：纸巾在不同部位上出现油迹。

这两种方法都超级简单，不需要任何专业仪器，不要嫌麻烦哦。了解自己的皮肤类型才好对症下药，找到最适合自己的美肤之道。

Part 2

面膜DIY工具

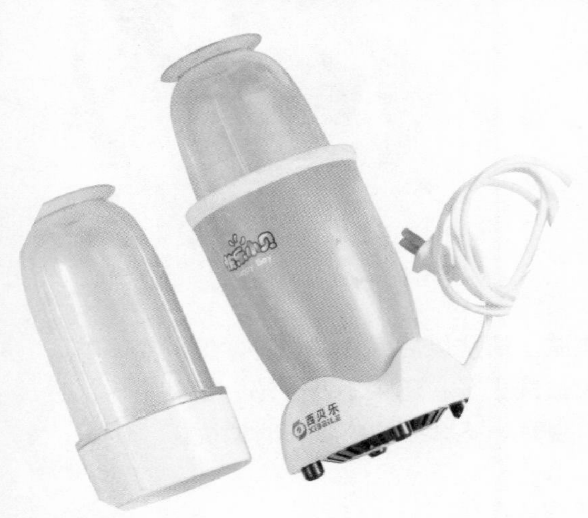

面膜碗

调制各种面膜的必备的小工具，以碗口直径9~12厘米左右为宜。碗太小，调制起来不方便；碗太大，容易造成浪费。一般面膜碗都会配套面膜刷和面膜板一起销售。

面模板用来调匀面膜。有的面膜板前端带有小平板，可以将泥状面膜挑起来，使将面膜敷到脸上的过程变得方便起来。面模板不需要特别买，家用的勺子或者筷子洗干净即可用来代替。

榨汁机

可以快速地将蔬菜、水果等面膜材料打成糊状，既省时又省力。

量匙和量杯

量匙用来称量面膜材料的分量，便于控制用量和比例。量杯用来称量面膜材料的分量，便于控制用量和比例。

面膜刷

可以用来沾取面膜敷脸，能使面膜敷得更加均匀，并避免手部的细菌感染。

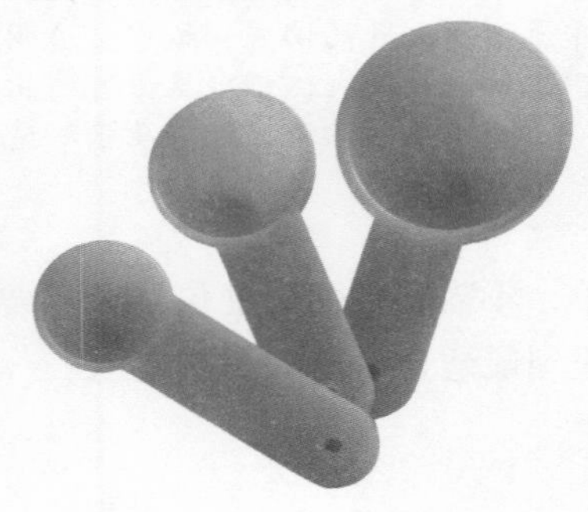

面膜纸

可以吸收液体面膜里的精华液，方便液体面膜的敷用。

纱布

用来过滤不需要的材料渣滓，提取汁液。最好准备一块纱布，专物专用，不要用于其他方面。

Part 3

敷用面膜三部曲

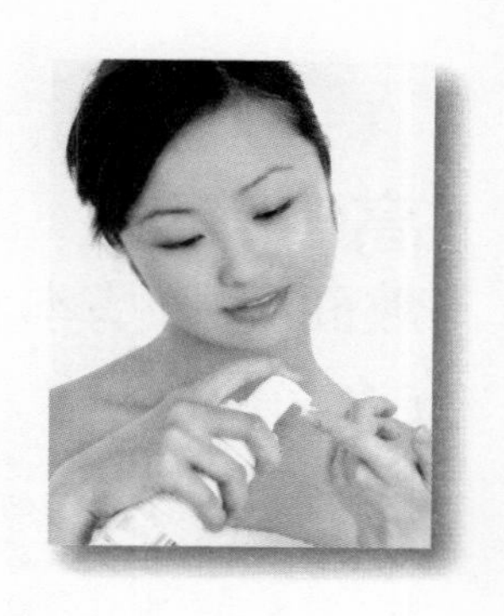

前奏

敷面膜前的准备

1.洗手

这是最容易被大家忽略的步骤。手一天要接触到很多的东西，会沾染到很多细菌，不洗干净手就洗脸、敷面膜的话，效果会大大降低。

2.洗脸

敷面膜前用温水和温和无刺激性的洁面产品洗一次脸。合适的水温应在34℃左右，略高于皮肤温度，但低于体温。用手试，有温热感，但不会觉得烫。这种温水，既能洁肤，又对皮肤有镇静作用，有利于皮肤的休息和解除疲劳，对皮肤无伤害。

3.热敷或按摩

用热毛巾敷脸2分钟。还可以在面部各处按摩3分钟，促进面部血液循环，提升敷脸的效果。

4.去角质

必要的时候，还可以在敷面膜前去一下角质，避免皮肤表层沾染的污垢、灰尘进入毛孔。注意，角质层的代谢周期为28天，即每28天角质层代谢一些枯死的细胞，因此去角质最多1个月做1次，过于频繁地去角质会损伤角质层。此外，敏感型的肌肤更不用频繁去角质。

5.涂敷油脂

涂敷面膜前，可以先在眉毛、发际、眼、唇等边缘处抹上一些油脂，这样可以避免面膜黏附在这些部位，敷完面膜之后更容易清理面部。

美颜妙方

平时洗脸则可以采用先温水清洁，使用洗脸产品后再用冷水冲洗的方式。温水可以让毛孔打开，进行深层清洁；冷水可以收敛毛孔，而且通过水温的冷热变换，可使皮肤浅表血管扩张和收缩，增强皮肤的呼吸，促进面部的血液循环，达到美容的效果。

高潮
敷面膜的基本大法

1.敷面膜的顺序

使用膏泥状面膜的时候，总体顺序是由下往上，应从颈部、下颌开始敷，然后是两颊，敷涂均匀之后，再进行鼻、唇、额头三个部位的敷涂。这是因为脸部各个部位的皮肤温度不同，所以最好从温度较低的两颊开始涂抹，利用时间差，使面膜的干燥时间一致。另外，涂抹时要避开眼周及有青春痘或发炎的部位，以免产生刺激。注意，眼睛周围、眉毛上和唇部周围不宜涂面膜，因为眼周、唇周的皮肤更加娇嫩，需要用专门的产品，普通的面膜可能会伤害到这些部位的肌肤。

2.面膜厚度

涂抹式面膜的薄厚有讲究，不能是薄薄的一层，要有一定厚度，一定要盖住毛孔，这样面膜的成分才能更好地发挥作用。

使用浸泡过的面膜纸的时候，应将面膜纸充分打开后平铺在脸部，注意挤干面膜纸与脸部间的气泡，让各个部位都能充分吸收到面膜纸上的营养。注意，面膜纸都是一次性的，不能重复使用。

美颜妙方

无论是膏泥状面膜还是纸贴面膜，都不能敷太久，因为面膜干燥后会促使皮肤紧缩，出现皱纹，所以面膜干燥时要立刻去掉，切勿长时间停留在皮肤上或过夜。一般情况下，水分含量适中的面膜，大约15分钟后就可卸掉，以免面膜干后反从肌肤中吸收水分；水分含量高的，可以多用一会儿，但最多20分钟后就要卸掉。如果觉得丢弃里面的精华液会浪费的话，用它来擦身体的其他部位也不错。

尾声
脸部的再次清洁与保养

1.洗净面膜

一般的面膜做完之后都不需要清洗，本书中介绍的自制面膜做完之后都需要洗掉。清洗的方式可以参考普通洗脸方法。一些膏泥状的面膜会在脸部形成较硬的壳，这时可千万不要强行搓擦，建议先用温水拍湿面部，软化面膜，然后再慢慢清除。清除面膜之后，再用凉水清洗一下，收敛毛孔。

2.涂抹保养品

不能因为做了面膜就不用保养品了哦，否则面膜所起到的功效会因为没有外层保护而更快消失。使用面膜后仍然要使用保湿精华素或者乳霜，这样才能更好地锁住皮肤内的水分和营养，让水润感更持久。

美颜妙方

不少护肤品牌都推出了睡眠面膜，使用说明上标示可以敷着面膜过夜，这种面膜是膏霜状的，即使敷一整夜都不会干燥，使肌肤在睡眠时间得到更深层修护。不过，那些睡觉爱翻身的MM建议还是不要通宵敷面膜了，以免弄脏枕头和被子。可以将睡眠面膜的时间缩短到3～4个小时，睡前做完，还可以再给肌肤做个保养，然后再睡个安心的美容觉。即使认为通宵敷面膜效果更好，也要注意选择品质有保障的面膜品牌，毕竟它要在你脸上待一整个晚上呢。

Part 4

图解脸部美容穴位

中医认为“头为诸阳之会，面为五脏之华”，所以用一定的手法按摩面部的穴位，可以促进面部的气血运行，从而达到美容养颜的目的。西医也认为面部按摩有助于舒缓紧绷僵硬与过度使用的面部肌肉组织，刺激自主神经末梢、血液循环、淋巴畅通以及穴位反射。

太阳穴

在眉尖和外眼角之间，向外移1横指左右凹陷中。按摩太阳穴可促进新陈代谢，消除眼睛疲劳、浮肿。

地仓穴

地仓穴位于人体的面部，口角外侧，上直对瞳孔。按摩地仓穴可以降低胃温，从而达到抑制食欲的目的。

大迎穴

位于头部侧面下颌骨部位，嘴唇斜下、下巴骨的凹处。按摩该穴位可以让脸部血气循环畅通，还有紧实皮肤的美容功效。

颊车穴

沿脸部下颚轮廓向上滑，就可发现一凹陷处，就是颊车穴。按摩颊车穴可以有效消除因摄取过多的糖分所造成的肥胖，消除脸颊的浮肿。

承泣穴

位于眼球正下方，约在眼廓骨附近。按摩这个穴位可以提高胃部机能，防止眼袋松弛。

迎香穴

位于鼻翼沟上方凹陷中。按摩迎香穴不仅可以消除眼部浮肿，预防肌肤松弛，调整脸色，还能减轻肩膀酸痛。

印堂穴

位于前额部，就在两眉毛内侧端连线的中点处。经常按摩可以保持头脑清醒，保护视力，让眼睛更明亮，还有疏通鼻窍的作用。

百会穴

左右两耳洞向上升，在头部联结后的那条线的顶点，即是百会穴。按摩该穴位可以起到安定精神、预防饮食过量以及防止便秘的作用。

天突穴

位于喉斜下方肌肤的内侧。按摩天突穴能刺激甲状腺，促进新陈代谢，去除脸部多余的水分。

攒竹穴

眉头下方凹陷之处即是。眼睛疲劳以及头痛，都会引起眼部四周的浮肿。按摩此穴位可以缓和眼睛的疲劳和浮肿。

承浆穴

下唇与下颚的正中间凹陷处即是。按摩承浆穴能控制荷尔蒙的分泌，保持肌肤的张力，预防脸部松弛，还能消除脸部浮肿。

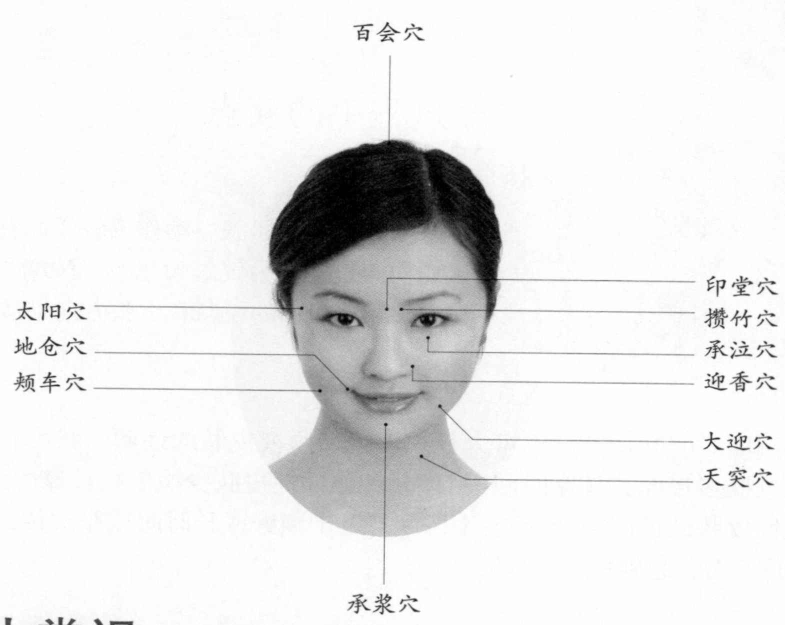

按摩小常识

按摩前的准备

1.

选择适合你肤质的按摩霜。当我们按摩时，按摩霜会停留在脸上比较长的时间，所以不能太油腻、太厚重，以免肌肤过度吸收而造成毛孔阻塞；润滑度也要好，以免不够润滑而在按摩中拉扯造成皱纹。还可以用质地厚而滑润的面霜、晚霜来代替。使用按摩霜来按摩，既运动了肌肉，又促进了营养成分的吸收，一举两得。

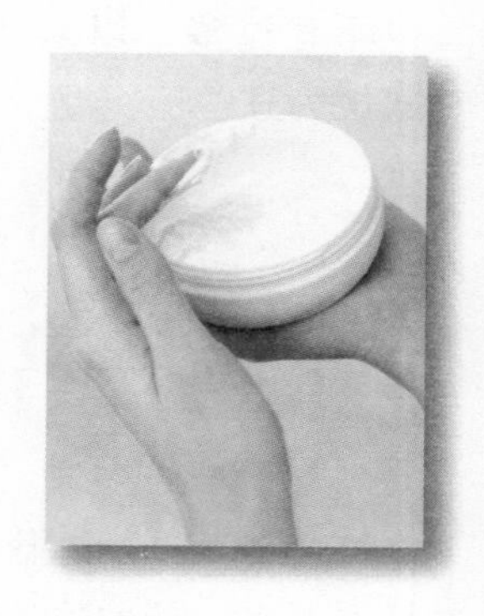

2.

做面部按摩之前，要洗净脸部和手，以免沾染脏污或细菌。指甲的长度与指端相齐为宜。指甲太长易损伤皮肤，太短会在点压穴位时感觉无力。

3.

当处于饥饿、饱食、疲劳过度时一般不要按摩，否则会影响身体健康。

按摩过程中的要点

按摩手法

尽量用指腹接触肌肤，动作要轻柔而有节奏感，力度也要均衡，不要力气忽大忽小。按摩的顺序一般从下往上，顺着肌肉的纹路和生长方向来按摩。

按摩时间

脸部按摩时间宜适度，不可太长或太短，须视皮肤的性质、状况和年龄来决定。干性皮肤多按摩，按摩时间8～15分钟；油性皮肤少按摩，按摩时间5～10分钟；过敏性皮肤最长按摩2分钟或不按摩，过于频繁或长时间按摩穴位，反而会导致皮肤过度疲劳，起到相反的结果。

按摩选穴

每次按摩选用穴位也不宜过多，以5～8个穴位为宜。

特别叮嘱

敏感性皮肤的MM尤其要注意按摩的手法，按摩的时候应该用中指和食指做成V字形放在脸部的皮肤上，轻轻摇晃手指，慢慢地在整个脸上运动。这种按摩方式对神经末梢有一种镇定效果，持续一段时间以后就可以降低皮肤的过敏性。

按摩后怎么做

1.

为了帮助新陈代谢正常运行，可以在按摩后喝一杯温开水，帮助脸部肌肤的污垢和废弃物尽快排出。

2.

刚做完医学美容疗程、果酸焕肤美容或是猛冒面疱之时，都要避免按摩刺激，以免引发红肿以及加剧痘痘生成。

美颜妙方

MM们，如果脸上有较多粉刺、青春痘或水疹，可千万不要擅自进行按摩，这样不仅对皮肤没有好处，相反，如果按摩不慎，还会加重病情。

5分钟瘦脸按摩操

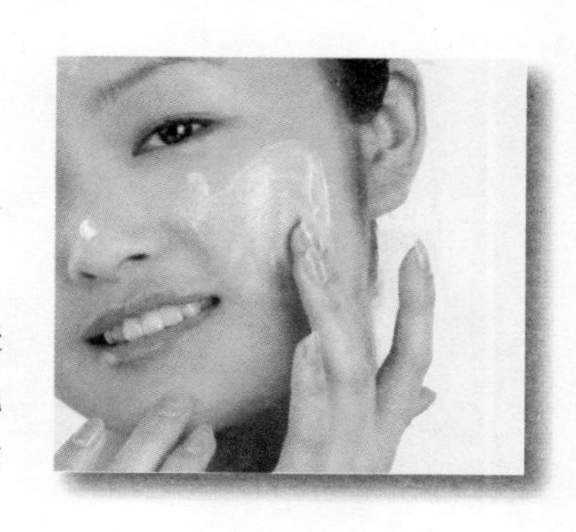

一周两次、每次持续5分钟的脸部按摩，能够促进血液循环，令你呈现自然均衡的健康肤色。按摩早晚都可进行，先在脸部5处（两颊、额头、鼻、下颚）涂抹按摩霜，完全适应后即可开始。

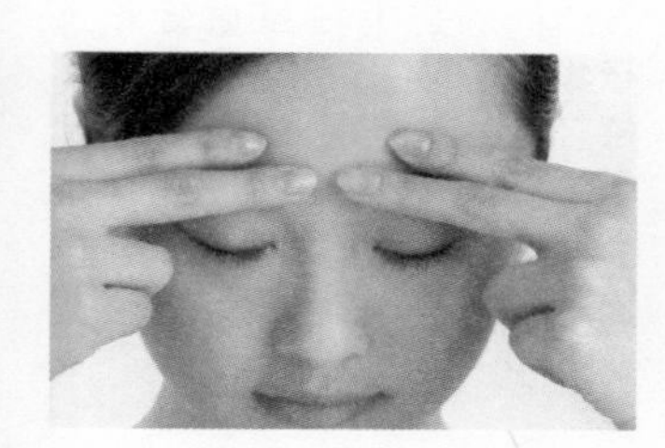

1.

.以眉心为基点，用食指、中指划大圈按摩，扩散至整个额头；以眉心为基点，向太阳穴方向划圈按摩。皮肤有向上拉扯的感觉，顺势推拿按摩太阳穴。

2.

在容易下垂的嘴角处，迅速向上提，用中指和无名指的指腹从下唇正中心滑向左右嘴角进行按摩。此举有缓解皮肤松弛的作用，大约3次。

3.

在脸颊部分大幅度按摩，以下颚为中心用中指和无名指的指腹，向左右耳方向划圈按摩。手指大幅移动按摩全脸，大约3次。

4.

轻轻刺激太阳穴，促进淋巴循环再次轻推太阳穴，用自己感觉舒服的力道即可。太阳穴掌管着淋巴流动，要轻轻按压促进其循环。

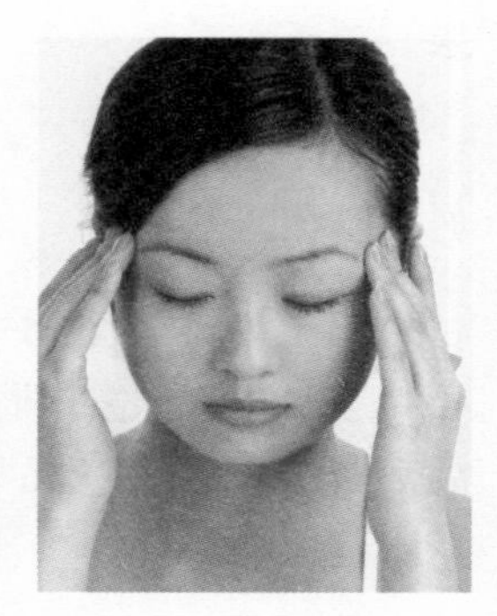

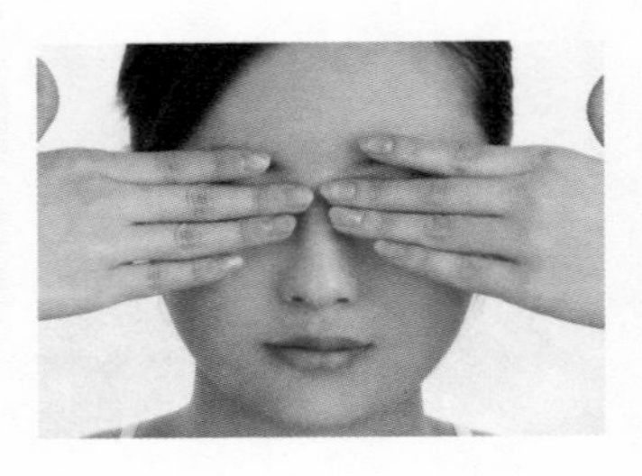

5.

对容易产生疲劳、浮肿的眼部周围，要谨慎认真地按摩，以促进血液循环。以眼角为基点，用中指和无名指指腹覆盖整个眼部，轻柔地划向外侧，大约3次。这时还要再次轻推一下太阳穴。

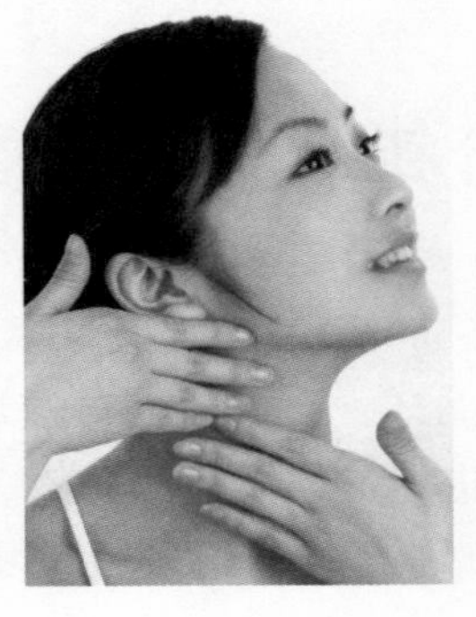

6.

稍稍用力按摩血管和淋巴集中的颈部，如果按摩霜不够可以再次补充，用整个手掌由下向上提，颈中央要轻轻用力，两侧要稍稍加点力度。按摩时下颚上昂较容易做动作。

去除黑眼圈的小妙招

妙招1

工作劳累的时候，适当休息片刻，并让眼珠呈对角线向上向下看，开始可以从左上方到右下方，然后再反过来一遍，这样对改善黑眼圈有较好的效果。

妙招2

闭上双眼，将手掌心搓热，按在整个眼周温热眼睛，帮助产品吸收及眼部血液循环。

妙招3

部分黑眼圈是由于微血管破裂或是循环不良造成的（如淤青般的紫黑色）。这时可以用食指关节按摩眼周穴位，以攒竹穴为起点，顺着眉毛与眼球之间纵向路线，以手指关节由眼头缓缓按压至眼尾方向，可缓解疲劳与浮肿。再由下眼眶骨的前端往后轻按舒缓眼袋。以此方式来回3～5次，但是力道切忌过重，以免压迫眼球。

敷面膜后的美白指压操

敷面膜后洗净脸部，均匀涂抹上美白护肤品，美白指压操即可开始。

1.

以双手中指指腹在攒竹穴（位于眉毛内侧边缘凹陷处），轻压一次。

2.

中指指腹沿眉毛轻压到外明穴（位于眉毛和外眼角的眼眶骨中间），重复两遍。

3.

中指指腹继续沿下眼缘轻压到睛明穴（位于眼部内侧，内眼角上方凹陷处），重复两遍。

4.

中指指腹轻移到四白穴(双眼平视时，瞳孔正中央下约2厘米处)，轻压两次。

5.

中指指腹轻移到迎香穴(位于面部鼻侧1厘米处)，按压两次。

6.

用食指、中指、无名指轻轻在脸部额头处按压，然后沿着额头往脸颊、下巴处按压，全面促进美白护肤品的吸收。

二、私享天然美颜秘方

天然美颜秘方，又回归到了今天这个让人容易怀旧的年代。

用天然食材自造护肤品并不新鲜，早在19世纪的维多利亚时代，当时的女性便以纯天然的食材来保养肌肤，她们用奶油、牛奶、橄榄油取代清洁乳及面霜，将玫瑰花瓣浸在酒精中当作液状腮红使用……

那些市场上融入化学成分的护肤品更是用尽了“天然”的招牌，“天然保湿因子”、“纯植物精华”等等，尽管“天然”代表了安全、放心，但是不管怎样，大品牌的护肤品毕竟是经过了厂家的加工，这点还是让MM们多少有点顾忌的。在全球经济危机的寒冬期，再一掷千金的MM也要打起小算盘，寻找物美价廉、适合自己的护肤品，才是新时代经济必修课。

于是，崇尚天然的MM开始DIY天然护肤品，自制面膜便是其中一种。她们买菜时必定多买上一些蔬果，回家后用料理机打成汁，与纯牛奶、蜂蜜等调和，在沐浴完后私享，竟然收到了神奇的美颜效果。

何必再沦为化妆品调配专家的试验品呢？自然就是美，DIY更能增添生活乐趣。100款纯天然美颜秘方大公开，在家动动手，就能让你的肌肤宛若新生，大胆DIY吧！

Part 1

鲜嫩水果面膜

让肌肤享受最畅快的水果大餐

水果美颜榜

草莓

鲜嫩多汁的草莓，富含多种营养素，尤其是维生素C——每100克草莓中维生素C就含有60毫克。用草莓汁液来做面膜，能改善肤质，使皮肤细腻有弹性。将草莓制成各种高级美容霜，还可以减缓皱纹的出现。

柑橘

柑橘类水果中富含的维生素C具有很好的美白功效，能改善黯淡的肤色，让肌肤回复白皙柔滑。柑橘类水果的皮还有高洁净功效，可去除污垢和多余的油脂，是油性皮肤MM的美白去油“圣品”。

香蕉

香蕉能促进皮肤的新陈代谢，对面部皮肤皮下微细血管还有调节平衡的作用。用香蕉做面膜，可以让香蕉中的油分与维生素成分渗入皮肤，使得干燥的肌肤在短时间内获得很好的滋润效果，让肌肤变得光滑哦！

葡萄

葡萄的美容功效极其多元化。它的葡萄多酚具有抗氧化功能，能阻断游离基增生，有效延缓衰老。

樱桃

樱桃绝对是女人的最爱，其所含的丰富铁质，可以为女人补充足够的矿物质铁，摆脱缺铁性贫血的晕眩状态。用樱桃做面膜，还能消除皮肤上的黑斑，让皮肤红润嫩白。

菠萝

菠萝中丰富的维生素有养肌润肤的功效，可保持血管与皮肤弹性，促进皮肤的新陈代谢，淡化色斑，让皮肤变得更加滋润与健康。长期坚持用菠萝做面膜，可以起到不错的美白嫩肤的作用，尤其适合皮肤粗糙的MM。

柠檬

酸酸的柠檬虽然口感不佳，但美容价值极大。柠檬中所含的丰富维生素C和果酸，具有抗菌、软化及清洁皮肤的作用，还能美白祛斑，增加皮肤弹性。柠檬含有高达4％的有机酸，能与肌肤表面的碱性物中和，防止和清除肌肤中的色素沉淀，去除油脂污垢。

木瓜

木瓜最著名的功效是丰胸，除此之外，木瓜的美肤功效也很不错哦，尤其是木瓜中含有的木瓜酵素，能帮助分解并去除肌肤表面的老化角质，深层清洁躲藏在毛孔内的污垢。木瓜中维生素C的含量也很丰富，是西瓜及香蕉的5倍，用木瓜做面膜，可以让肌肤畅享美白嫩肤大餐。

苹果

苹果因为其突出的保健功效荣膺“水果之王”的称号，但它的美容功效也同样让我们欣喜不已。苹果里含有较丰富的维生素C，可以美白褪黑；内含溶解性磷、铁等多种矿物质及维生素，具有收敛皮肤、软化角质层的功效，还能平衡油脂，尤其适合油性皮肤的MM使用。

猕猴桃

猕猴桃号称“维生素C之王”，其实，猕猴桃中还含有丰富的维生素A和维生素E，更含其他水果少见的营养成分——氨基酸及天然肌醇，这种物质能渗透并深入滋养肌肤，有效修复受损肌肤，抑制黑色素生长，预防雀斑，让肌肤更白嫩。猕猴桃面膜还能改善毛孔粗大的状况，在改善干性或油性肌肤组织上也有显著的功效。

西瓜

西瓜所含的维生素A、B族维生素、维生素C，都是保持肌肤健康与润泽的必需养分，敷在脸上会有柔肤的效果。西瓜含有大量水分和纤维，敷面可使皮肤清爽舒适，发挥补湿及收细毛孔的作用，还可以对面部补水降温，充分起到镇静皮肤的作用，最适合夏日晒后修复肌肤时使用。

西红柿

西红柿中丰富的酸性汁液可以帮你平衡皮肤的PH值。皮肤较黑且粗糙的MM，可以将番茄捣汁后涂于脸上，停留约15分钟后用清水洗净，对去除面部死皮大有帮助。西红柿也是富含维生素C的蔬菜，在西红柿汁内混合少许蜂蜜擦于面部，十多分钟后再清洗干净，天天坚持可以祛斑美白。

西瓜沙面膜

对抗夏日骄阳

适合肤质：任何肤质。
美颜功效：保湿滋润肌肤，使肌肤柔软细致，防止细纹的出现，对夏天晒后的皮肤有很好的镇静修复作用。
制作费用：2元。

材料：

西瓜1/4个，面膜纸1张。

做法：

取西瓜果肉1杯，以汤匙压成沙状，搅拌直至变得滑顺。

用法：

① 将西瓜沙均匀地涂抹在脸部；
② 将面膜纸仔细地贴在脸上；
③ 20分钟后揭下纸膜，洗净脸部即可。

试用报告

这款面膜含有大量水分和丰富的维生素C，这些营养成分易被皮肤吸收，能够使肌肤润泽、营养、光滑、柔软。夏天在享用美味解暑西瓜的同时，不妨也用西瓜果肉给小脸来一次美肤大餐吧！

美颜妙方

姐妹们吃完了西瓜，可别轻易丢了西瓜皮哦。西瓜皮中含有多种酶成分，可以促进脂肪和黑色素的分解，加速皮肤的新陈代谢，使皮肤洁白有光泽，还能有效去除脸上多余的油脂，清爽毛孔，使皮肤细嫩、柔软。把西瓜皮切成薄片贴脸上，就是一款超好用的面膜。怎么样？很简单吧！

菠萝西瓜汁面膜

淡斑又滋养

适用肤质：干性肤质。
美颜功效：抚平皮肤细纹，延缓衰老。
制作费用：3元。

材料：

菠萝1/4个，西瓜果肉1小块，面膜纸1张。

做法：

① 菠萝洗净，切成2厘米左右的小块，与西瓜一起榨汁；
② 滤取汁水即可，干性肌肤可加入适量牛奶。

用法：

① 将汁液均匀涂抹在市场上常见的面膜纸上，敷在脸部；
② 15分钟后揭下面膜纸，以清水洗干净。

试用报告

这款面膜中含有丰富的B族维生素，能有效地滋养肌肤，防止皮肤干裂，而且还有淡化色斑，使皮肤白皙的功效。

美颜妙方

除了用来敷脸，还可以直接饮用。菠萝西瓜汁富含维生素和矿物质，具有利尿排水、润肠排毒的作用，使肌肤水润白皙。特别是菠萝中丰富的果汁能有效酸解脂肪、稀释血脂，预防脂肪沉积，常吃菠萝具有很好的减肥功效哦！

菠萝燕麦牛奶面膜

清洁加紧致

适用肤质：混合性及油性肤质。
美颜功效：软化肌肤角质，收敛毛孔，补充皮肤水分。
制作费用：2元。

材料：

菠萝1块，燕麦1小匙，脱脂鲜牛奶1大匙。

做法：

① 将菠萝洗净切小块；
② 所有材料放入搅拌机中打成糊状。

用法：

① 用面膜刷将打好的面膜糊均匀地涂在面部，避开眼周和嘴角；
② 敷10分钟后把面膜冲洗掉。

试用报告

菠萝含酵素和丰富的维生素，能溶解堵塞毛孔的油脂及角质，深层洁净皮肤；营养丰富的燕麦能舒缓肌肤，防止皮肤刺激红肿，使皮肤平滑柔嫩。这款面膜同样也可用于身体，用以清除背上的小颗粒，恢复肌肤的光滑亮泽。牛奶对皮肤也有很好的润滑作用哦！

美颜妙方

只要去掉燕麦和牛奶，加上1大匙海藻粉和1小匙甘油（如果觉得太稠的话，就再倒上一点点矿泉水，加多加少可随意），搅拌均匀，就成了可以去油、去角质并且补水滋润，超级好用的深层洁净面膜了。怎么，不想试试吗?

猕猴桃面膜

富含维C的“美白女王”

适用肤质：混合性或油性肤质。
美颜功效：清洁毛孔，有效预防面疱，特别适合油性皮肤使用。
制作费用：1元。

材料：

猕猴桃半个，面粉2大匙。

做法：

① 将猕猴桃去皮切块，放入果汁机中打成泥状；
② 加入面粉调成糊状。

用法：

① 将猕猴桃面糊均匀地涂抹在脸部；
② 30分钟后以温水洗净。

试用报告

猕猴桃有“维生素C之王”之称，可以有效抑制皮肤黑色素形成，淡化色斑，是美白必备的“圣品”。这款面膜中的果酸成分具有很好的洁肤效果，能软化肌肤，消除角质，恢复肌肤亮泽，具有良好的美颜效果。

美颜妙方

想给皮肤补充维生素C，不但可以做面膜，还可以直接吃猕猴桃。猕猴桃里除了含有非常丰富的维生素C，还含有亮氨酸、苯丙氨酸、异亮氨酸、酪氨酸、缬氨酸、丙氨酸等十多种氨基酸和钙、磷、铁等矿物质，对促进肠胃蠕动、减少胀气、改善睡眠质量有非常好的作用。

草莓醋面膜

使你的皮肤更透亮

适用肤质：任何肤质。
美颜功效：深层清洁，美白肌肤。
制作费用：2元。

材料：

草莓5个，醋1小匙。

做法：

① 草莓洗净，用榨汁机搅拌成泥状；
② 加入醋充分搅匀即可。

用法：

① 洗净脸后将面膜均匀敷在脸上，避开眼睛及唇部周围肌肤；
② 15分钟后用温水洗净。

试用报告

草莓含的美白维生素C非常丰富，少量的醋有清洁皮肤的功效。这款面膜能让肌肤更莹润，给你带来草莓般的红润光泽！

美颜妙方

晚上洗脸后，取1小匙醋、3小匙水混合，用棉球蘸饱，在脸上有皱纹的地方轻轻涂擦，再以手指肚轻轻按摩一下，洗净即可。这种方法可帮助消除脸部细小皱纹。

苹果水梨香蕉面膜

令肌肤容光焕发

适用肤质：任何肤质。
美颜功效：让肌肤柔软细致，平滑有光泽。
制作费用：3元。

材料：

苹果1小块，水梨1小块，香蕉1/2根。

做法：

① 将苹果与水梨洗干净后去皮切小块，将香蕉去皮；
② 将所有材料放入果汁机或食物搅拌器中，充分搅拌成泥状。

用法：

① 将水果泥均匀地涂在脸部，避开眼唇部位，并用手指由里到外打圈按摩；
② 20分钟后洗干净即可。

试用报告

这款水果面膜中含有丰富的果酸，具有深层滋养效果，能使皮肤有光泽、容光焕发，适合任何肌肤。香蕉的油分与维生素成分能渗入皮肤，水梨中丰富的水分能润泽我们的肌肤，尤其适合干性肌肤者使用，用完之后格外滋润。

美颜妙方

将苹果去皮切块或捣泥，然后涂于脸部，如是干性过敏性皮肤，可加适量鲜牛奶或橄榄油，油性皮肤宜加些蛋清。15～20分钟后用热毛巾洗干净即可。长期坚持，具有使皮肤细滑、滋润、白腻的作用，还可消除皮肤暗疮、雀斑、黑斑等症状。

香蕉蜂蜜面膜

干燥敏感皮肤的最爱

适用肤质：任何肤质，特别适合干燥缺水的肌肤。
美颜功效：保湿、滋润皮肤。
制作费用：2元。

材料：

香蕉1/2根，蜂蜜2大匙。

做法：

① 香蕉去皮，捣烂成糊状；
② 加入蜂蜜搅拌均匀即可。

用法：

① 洗完脸后，将面膜均匀涂抹于面部，避开眼部周围的肌肤；
② 用手指轻轻按压，15分钟以后用温水洗去。

试用报告

香蕉含有丰富的维生素和矿物质，具有滋养修复肌肤的功效，加入蜂蜜，更加强了这款面膜的保湿、滋润功效，长期坚持可使面部皮肤细嫩、清爽，特别适合干燥敏感性皮肤的面部美容。

美颜妙方

这款香蕉蜂蜜面膜也可以作为发膜使用，让头发亮彩有光泽哦！也可以不加蜂蜜，直接将香蕉去皮捣烂成糊状后敷面，15～20分钟后洗去，长期坚持可使脸部皮肤细嫩、清爽，特别适用于干性或敏感性皮肤的面部美容，效果良好。

苹果玉米粉面膜

锁住肌肤水分

适用肤质：任何肤质。
美颜功效：美白滋养肌肤，使皮肤水嫩细腻有光泽。
制作费用：2元。

材料：

苹果半个，玉米粉1大匙，矿泉水少许。

做法：

① 新鲜苹果洗净去皮，切小块，放入榨汁机中加入矿泉水打汁，过滤取汁；
② 加入玉米粉调匀成糊状。

用法：

① 以面膜专用软毛刷将面模糊均匀刷满面部，避开眼、眉、唇四周；
② 静置约20分钟，待干燥后洗净即可。

试用报告

苹果含碳水化合物、苹果酸、蛋白质等营养物质，外用具有细致肌肤、润肤保湿、强化肌肤储水功能的作用。而作为面膜基础的玉米粉具有抗氧化、保持皮肤中的水分的功效。这款面膜能促进肌肤的再生与活力，延缓肌肤老化，使皮肤变得柔嫩细致。

美颜妙方

苹果还是一种低热水果，其中所含的果胶质具有不错的减肥效果。苹果中还含有较多的粗纤维，它们在胃中消化较慢，具有饱腹感，餐前吃个苹果，可以减少正餐的进食量，达到减肥目的。经常吃苹果的人，胆固醇含量比不经常吃苹果的人低20%左右。不过，MM们可不能为了减肥而把苹果当正餐吃哦，含糖的水果吃太多会对健康不利，长期偏食某类食物还会营养失衡，对美容可是大大的不利！

橄榄油果泥面膜

皮肤细滑有弹性

适用肤质：任何肤质。
美颜功效：让肌肤柔软细致，平滑而有光泽。
制作费用：2元。

材料：

苹果1/4个，橄榄油1大匙。

做法：

① 苹果洗净，用金属勺将果肉刮成泥状放入玻璃器皿；
② 苹果泥中倒入橄榄油搅拌均匀成糊状即可。

用法：

① 将泥状物均匀地涂抹在脸上；
② 静敷5分钟后，用手指以打圈的方式由内到外轻揉脸部；
③ 轻揉5分钟后，用温水洗净即可。

试用报告

苹果中的丰富营养有助于缓解痤疮症状，使肌肤细腻、光滑、水嫩而充满弹性；苹果内含有的果酸，还能吸走面上的油光呢！此面膜具有收敛作用，长期使用可消除面部皮肤上的皱纹，还能增加皮肤活力和弹性，使皮肤清爽润滑。

美颜妙方

也可用鲜牛奶1大匙，加4～5滴橄榄油，面粉适量，调匀后敷面。建议白天不要用含果酸成分过高的水果做面膜，因为一接触到紫外线就会让肌肤产生斑点。制作此面膜时可选用较熟的苹果，质地比较酥，易于刮成苹果泥。

橙蜜蛋奶面膜

让你爱上肌肤的触感

适用肤质：任何肤质，特别适合干燥缺水肌肤。

美颜功效：保湿滋润肌肤，淡化细纹，改善黑头粉刺。

制作费用：4元。

材料：

橙子半个，蜂蜜2大匙，燕麦1小匙，鸡蛋黄1个，脱脂鲜牛奶1大匙。

做法：

① 橙子去皮，榨汁，过滤后放入玻璃器皿或碗中备用；

② 将橙汁、蜂蜜、燕麦、牛奶、蛋黄混合，用搅拌棒或筷子拌成泥状。

用法：

① 将面膜均匀涂抹在脸上并轻轻按摩；

② 20分钟后用温水洗净即可。

试用报告

橙子中含有的有效成分具有杀菌作用，可以改善粉刺及暗疮肌肤；蜂蜜中含有丰富的维生素，能滋润干燥缺水的肌肤；而燕麦具有温和洁净的功能。长期使用这款面膜可使肌肤细嫩柔软，使脸部皮肤光滑有弹性。

美颜妙方

橙子、蜂蜜、牛奶、鸡蛋都是护肤美容的好东西，如果不想往脸上敷，还可以变换一下方式，做成可以喝的橙蜜蛋奶糊，一样能为肌肤补充丰富的营养。具体做法也很简单，只要把鸡蛋打到碗里，加上少许食盐打到发泡，放在小锅中煮熟，再加上榨好的橙汁和适量的牛奶和蜂蜜，调匀就成了。

鲜奶提子面膜

给皮肤排排毒

适用肤质：任何肤质，特别适合中干性皮肤。
美颜功效：保湿滋润皮肤，可以防止肌肤老化。
制作费用：3元。

材料：

新鲜提子8粒，脱脂鲜牛奶2大匙。

做法：

① 将提子洗净，连皮捣烂，滤汁备用；
② 在提子汁中加入鲜牛奶搅拌均匀即可。

用法：

① 洗完脸后，将汁液均匀刷在市场上常见的面膜纸上，敷在脸部。
② 15分钟后用温水洗净即可。

试用报告

提子含丰富维生素C及维生素E，为皮肤提供抗氧化保护，有效对抗游离基，减轻皮肤受到的外在伤害，可以说是皮肤毒素的“清道夫”。牛奶具有淡化细纹、美白肌肤的功效。经常用这款面膜敷脸可以去除死皮，令皮肤柔软、细滑、滋润、白腻，还可淡化色斑哦！

美颜妙方

其实，即使不加牛奶，只取8粒鲜提子洗净捣烂（注意不要把核丢掉哦，那里面可是有很多营养的），连汁一起敷面，轻轻按摩20分钟后用温水洗去，一样可以起到对抗氧化、延缓皮肤衰老的作用。

葡萄浆甘油面膜

守护你的肌肤

适用肤质：干燥缺水肌肤。
美颜功效：保湿滋润肌肤，防止肌肤老化。
制作费用：3元。

材料：

葡萄3颗，甘油半小匙，脱脂奶粉1小匙，面膜纸1张。

做法：

将葡萄连皮捣碎为葡萄浆，调和奶粉及甘油成糊状即可。

用法：

① 用面膜刷沾取面膜糊均匀涂抹于面膜纸，敷于脸上；
② 静置10～20分钟，将面膜纸取下，再用清水冲净即可。

试用报告

这款面膜中包含了新陈代谢不可或缺的水溶性维生素B群、糖分、蛋白质、有机酸等，具有排毒再生功效，可深层滋润、抗衰老及促进皮肤细胞更生，使肌肤变得细致光滑。

美颜妙方

葡萄含有丰富的葡萄糖、果酸钙、钾、磷、铁及多种维生素，具有很好的滋补养颜作用，很多女明星最爱的养颜水果就是葡萄呢，因此，爱美的你也不要忘记在葡萄上市的季节多吃葡萄。葡萄皮（特别是紫色的葡萄皮）蕴含丰富的营养元素以及强劲的抵御能力，对皮肤有很好的修复及防护功效，所以，做面膜时一定不要把它丢掉哦！

草莓鲜奶面膜

痘痘克星

适用肤质：任何肤质，特别是干性肌肤。
美颜功效：美白滋润皮肤，并让面色红润。
制作费用：3元。

材料：

草莓5个，脱脂鲜牛奶2大匙。

做法：

① 草莓洗净，搅拌成泥；
② 加入牛奶充分搅匀即可。

用法：

① 将面膜均匀敷在面上，避开眼睛及唇部周围肌肤；
② 15分钟后用温水洗净。

试用报告

这款面膜的维生素C 含量非常高，具有很好的美白功效，且消毒和收敛作用俱佳，能缓和长痘痘的症状，对皮脂分泌旺盛的皮肤也非常有效哦！

美颜妙方

将草莓5个洗净捣烂，加上几滴橄榄油，搅匀，在脸上敷15分钟后洗净，可以使面部肌肤细嫩光滑，富有光泽哦！草莓鲜美红嫩，果肉多汁，酸甜可口，女性常吃草莓对头发、皮肤都有很好的保健作用。

柑橘芦荟抗衰老面膜

岁月不留痕

适用肤质：干性肤质。
美颜功效：抚平皮肤细纹，延缓衰老。
制作费用：2元。

材料：

柑橘1个，鲜芦荟1小片，维生素E丸1粒。

做法：

① 柑橘去皮榨汁，芦荟压成泥；
② 把所有材料混合，维生素E丸刺穿挤油，搅拌均匀。

用法：

临睡前涂在脸上有细纹的地方，第二天早上用水洗去。

试用报告

这款面膜中富含的维生素C可消除毒物，促进胶原合成，抚平脸上细纹，保护皮肤洁白细嫩，防止皮肤衰老。加上具有很好的抗氧化功效的维生素E，强力去皱，可增加皮肤弹性，恢复光洁细腻的肌肤。

美颜妙方

新鲜的柑橘含有丰富的维生素C、糖分、果酸和胡萝卜素、钙、磷、铁等营养素，具有提高人体免疫力、顺气、止咳、健胃、止痛等多种健康功效，还有很好的抗癌作用，所以MM们在柑橘上市的季节别忘了多吃这个养颜水果哦！吃的时候别把橘瓣上的白色脉络撕掉了，因为柑橘吃多了容易上火，而白色的脉络却能降火！

苹果燕麦奶酪面膜

污垢去光光

适用肤质：油性肤质，干性肤质慎用。
美颜功效：有效去除角质，消除黑色素，将肌肤深处的污垢与毒素排除，使肌肤变得更健康更白皙。
制作费用：4元。

材料：

苹果半个，燕麦片1大匙，奶酪30毫升，蜂蜜2大匙，鸡蛋1个。

做法：

① 燕麦片放入盛有沸水的锅中拌匀，大火煮5分钟；
② 鸡蛋打开放入过滤勺中，取蛋清备用；苹果洗净去皮、去核，切成小块倒入搅拌机，中速搅拌40～50秒后，取出苹果汁放入小碗中；
③ 把糊状燕麦片加入小碗中，再加入苹果汁、奶酪、蜂蜜、蛋清，搅拌20秒即可。

用法：

① 均匀地涂于脸上，避开眼部及唇部。
② 10～15分钟后用清水洗净。

试用报告

这款面膜含有丰富的有机酸，可促进皮肤的新陈代谢，排除肌肤深处的污垢和毒素；其中燕麦含有丰富的水溶性和非水溶性纤维，具有很好的清洁作用，尤其能够有效清除皮肤深层的污垢；奶酪营养价值丰富，还具有使皮肤细腻柔滑的作用。

美颜妙方

制作过程中若想加厚面膜，可以适当地增加燕麦片的分量。

蜜桃绿豆蜂蜜面膜

消炎解毒去痘

适用肤质：油性肤质，有痘痘肤质。
美颜功效：收敛毛孔，去除角质，预防粉刺面疱的产生。
制作费用：3元。

材料：

蜜桃半个，蜂蜜1大匙，绿豆粉2大匙。

做法：

① 将蜜桃去核去皮，切块备用；
② 用汤匙将蜜桃肉压成泥，再加入绿豆粉、蜂蜜搅拌均匀即可。

用法：

① 待面膜凉透后，均匀涂在脸上，避开眼唇周围；
② 约15分钟后，以温水洗净。

试用报告

蜜桃含有天然的果酸，能促进皮肤新陈代谢，具有收敛毛孔、美白净肤的功效。蜜桃中的天然AHA，有助去除脸上的角质，加上消炎解毒的绿豆粉，可以防治脸上的痘痘哦！这款面膜蕴含清新果香，非常适合油性皮肤使用。

美颜妙方

蜜桃浆汁丰富，果肉柔软，味道甘甜，含有丰富的蔗糖、葡萄糖、果糖、维生素B、维生素C、蛋白质、钙、磷、铁等多种营养成分，具有补气、活血、养阴、生津、润肠、通便的保健作用，是一种很不错的健康水果哦！

柠檬鸡蛋蜂蜜橄榄油面膜

增强肌肤抵抗力

适用肤质：干性肤质。

美颜功效：能有效增强肌肤的抵抗力，促进角质细胞的新陈代谢，使肌肤更有效地吸收水分。

制作费用：4元。

材料：

柠檬1片，鸡蛋1个，蜂蜜1大匙，橄榄油1大匙。

做法：

① 将柠檬片挤出汁液放碗中；鸡蛋打成蛋液；

② 将柠檬汁、蜂蜜、橄榄油和蛋液混合均匀即可。

用法：

① 用清水洗脸，并且热毛巾敷脸2分钟；

② 将调好的面膜用指腹均匀涂在脸上；

③ 静敷10～15分钟后用温水轻轻洗净。

试用报告

柠檬里含有丰富的维生素C，这可是增强皮肤抵抗力、使肌肤不容易变得粗糙和敏感的宝贝哦！此外，柠檬还可以消除皮肤表面的色素沉淀，使皮肤变得光洁柔嫩。蜂蜜更是一种不可多得的护肤佳品。这款面膜不仅可以为皮肤提供丰富的营养，还能促进皮肤的新陈代谢，增强皮肤的抗菌能力，使肌肤变得柔软、洁白、细腻，并可以起到预防粉刺等皮肤疾患的作用。

美颜妙方

更便捷的方法是将蛋清打入碗内（去蛋黄），搅拌至起白色泡沫后，加入新鲜柠檬汁6～8滴，搅匀直接涂在脸上，同样具有收敛皮肤、消炎抗皱的作用。

柠檬西红柿粗盐蜂蜜面膜

去除黑头与油脂

适用肤质：中、油性肤质。

美颜功效：有助于去除肌肤上的黑头粉刺及肌肤油脂，有效抑制痘痘产生，并可滋养肌肤，让脸部肌肤嫩滑、清透。

制作费用：4元。

材料：

柠檬1片，西红柿半个，粗盐1大匙，鸡蛋1个，蜂蜜1大匙。

做法：

① 柠檬、西红柿洗净去皮，放入榨汁机榨汁备用；

② 鸡蛋以过滤勺将蛋黄与蛋清分离；

③ 蛋清内加入粗盐打至起泡；再加入蜂蜜、柠檬汁、西红柿汁搅拌均匀即可。

用法：

① 脸部洗净，用热毛巾覆盖脸部，令毛孔扩张；

② 将面膜均匀涂抹于脸上，避开眼、唇部，并轻轻按摩；

③ 约5分钟后，用温水洗净脸部，再用冷水洗一次即可。

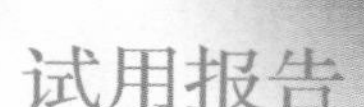

试用报告

这款面膜去黑头与油脂能力超强，让你不再“油光满面”。在使用面膜时，最好以自上而下的方式轻轻按摩脸部，才能最好地起到清洁肌肤污垢的功效。

美颜妙方

将柠檬切成片放到水里，加上少量蜂蜜后放到冰箱里冷藏1～2小时，就变成了美味又营养的自制柠檬水了。这种柠檬水具有抗菌消炎、增强人体免疫力等多种功效，还能缓解感冒引起的咽喉不适哦！

木瓜菠萝面膜

让毛孔畅快呼吸

适用肤质：任何肤质。
美颜功效：深层清洁肌肤，分解老化的角质，收敛毛孔，柔嫩肌肤。
制作费用：2元。

材料：

木瓜1小块，菠萝1小块，面粉1大匙。

做法：

① 将菠萝及木瓜用磨汁器磨出果泥装入器皿中；
② 将水果泥与面粉搅拌均匀即可使用。

用法：

① 取适量面膜敷在脸上，避开眼、唇部周围；
② 静敷10～15分钟，用温水冲洗干净。每周使用1～2次。

试用报告

木瓜中含有丰富的木瓜酵素成分，能够协助角质软化，畅通毛孔，防止毛孔阻塞；而菠萝能保持肌肤细嫩柔滑。这款面膜用后肌肤感觉光滑、细致，同时具有加强毛孔紧致的效果。

美颜妙方

直接将菠萝或木瓜涂在脸上揉搓，也是一种方便快速的保养肌肤的方法哦！木瓜里含有丰富的木瓜酵素，不但可以帮助消化和治疗胃病，还具有很不错的丰胸效果。用木瓜加上排骨煮成的“木瓜排骨汤”，是台湾女人丰胸养生的经典药膳哦！

木瓜蜂蜜面膜

为干燥肌肤补水

适用肤质：任何肤质，特别适合干燥缺水肌肤。
美颜功效：保湿滋润肌肤，舒缓皱纹，让肌肤明亮有光泽。
制作费用：1元。

材料：

木瓜1小片，蜂蜜2大匙。

做法：

① 将木瓜洗净去皮去籽，放入果汁机打成泥状。
② 将蜂蜜加入木瓜泥中，充分搅拌。

用法：

① 用面膜纸沾取木瓜蜂蜜汁敷于脸上；
② 敷10～20分钟，将面膜纸取下，再用清水冲净即可。

试用报告

木瓜中含有丰富的维生素，可使皮肤白皙，舒展皱纹；而蜂蜜对于脸部肌肤再生与修护都有很大的帮助，去皱效果良好。长期使用这个面膜可补充肌肤日渐缺少的维生素C等营养成分，帮助收缩毛孔，促进皮肤的紧实、有弹性。

美颜妙方

在樱桃上市的季节，你还可以用木瓜樱桃做面膜，效果也非常好，能让你的肌肤像樱桃一般透亮哦！

西红柿蜂蜜面膜

油脂去光光

适用肤质：任何肤质。
美颜功效：使皮肤滋润、白嫩、柔软，对黑头粉刺和油性肌肤特别有效。
制作费用：1元。

材料：

西红柿1个，蜂蜜2大匙，面粉1大匙。

做法：

① 将西红柿捣烂取汁，将其放入玻璃器皿中；
② 加入蜂蜜与面粉，充分搅拌调匀即可。

用法：

① 脸洗净，将面膜均匀敷于脸上，避开眼、唇部位；
② 25分钟后用温水洗净。

试用报告

西红柿能改善面部油脂和水分平衡，而西红柿中的水杨酸能收缩毛孔，使小脸变得细腻紧致。再加上蜂蜜滋润嫩白的作用，这个面膜不但具有平衡油脂功效，还有清洁、美白与镇静效果，非常适合油性肌肤的MM哦！

美颜妙方

取半个西红柿捣碎取汁，加入50克杏仁粉，调匀，就成了滋润、营养的西红柿杏仁面膜，特别适合有黑头、粉刺的皮肤。

“膜”法达人

Question & Answer

敷天然面膜和吃天然食物，哪种能更快吸收营养?

其实，敷面膜和饮食调理都是我们实现美丽梦想的手段，不能说谁比谁更有效，只能说针对你的个体情况，两种方法怎么样结合更适合你。比如橘子富含维生素C，而维生素C有很好的美白褪黑功效，但多数MM吃橘子后却发现并不能让皮肤变得很白。为什么呢？原因很简单。食物进入人体内吸收需要一定的代谢周期，并不能立竿见影地作用于皮肤。很可能这些营养素在没有到达肌肤的表层之前，就已经被我们体内的其他组织吸收完了——我们体内的组织，尤其是心血管系统，会优先于皮肤来吸收这些养分。所以，除了要注意多吃利于美容的食物之外，还可以通过面膜的形式，让肌肤更直接地接触到这些关键的营养成分。涂抹护肤品可以更好保护皮肤也是基于同样的道理。

面膜的美容原理，是利用面膜覆盖在脸部的时间，暂时地隔离外界的空气与污染。同时提高肌肤温度（大约1°C），加强血液循环，促进新陈代谢，使肌肤的含氧量上升，变得更有活力，更快地吸收面膜中的营养。不过，面膜只能在短时间内改善皮肤的现状，要长期坚持才能看到更好的效果。而如果想要皮肤从根本上转变成健康、年轻的状态，就必须从内而外地进行养护。饮食调理和面膜相辅相成，才是美肌之道。

面膜可以天天用吗?

最好不要天天用。面膜虽然能给皮肤提供丰富的营养，还能带来各种各样的护肤功效，但是“补”得过了量，同样会给皮肤造成伤害。比如：每天使用有深层清洁效果的面膜会使皮肤红肿，并且逐渐变得敏感起来；经常敷用有滋润效果的面膜容易引起暗疮；天天用补水面膜则会使肌肤失去调节水油平衡的能力。

能交叉使用几种不同类型的面膜吗?

当然可以。只要你能确定每一款面膜都适合自己的肤质与需求，完全可以把几种不同的面膜交叉起来使用，而不必非要把一种面膜敷够一定的时间后再换另一种。

敷面膜时有刺痛感是正常的吗?

如果肌肤缺水比较严重，在敷一些补水面膜的时候会出现一些刺痛感。如果这种感觉很轻微、持续的时间也不长，就是正常的；如果刺痛感很强烈，持续的时间很长，并且第二次敷的时候还会有刺痛感，说明你的肌肤对所敷的面膜过敏，就属于不正常了。

用什么办法判断面膜是不是敷得过度?

最简单、最有效的办法就是及时关注自己的肌肤状况。如果发现自己的皮肤发红、浮肿、脱皮、感觉到刺痛或瘙痒，就说明面膜敷得过了头，需要立即停止敷用，给肌肤提供休息和自我恢复的机会。

敷面膜时皮肤过敏了怎么办?

首先应该尽快用凉水将面膜清洗干净，然后根据情况的严重程度进行处理。如果只是轻微的发红、瘙痒或有不太强烈的灼热感，可以自己用干净的毛巾在冷水里浸透后敷在脸上。每天敷两次，每次大约敷30分钟，并要注意避免日晒，就可以使肌肤恢复正常。如果出现明显的红肿，建议尽快到医院请专业医生处理，切忌自己买点药膏（如皮炎平等）随便涂抹，更不能用成分不明确的药膏外涂，以免引起接触性皮炎。

Part 2

天然食物面膜

藏在厨房里的美容天使

蔬菜杂粮美颜榜

玉米粉

玉米粉就是用玉米磨成的粉。除了含有叶黄素和玉米黄素等抗氧化剂外，还具有抗衰老、淡斑、美白的作用，是不错的天然去角质佳品。

红豆

红豆富含维生素B_1、维生素B_2、维生素B_6、蛋白质和多种矿物质，具有超强的去角质功效，还可以增加皮肤弹性，美白肌肤。

南瓜

南瓜含有丰富的维生素A、维生素C和维生素E，具有抗皱、美白、去斑、增加肌肤弹性的美容作用。

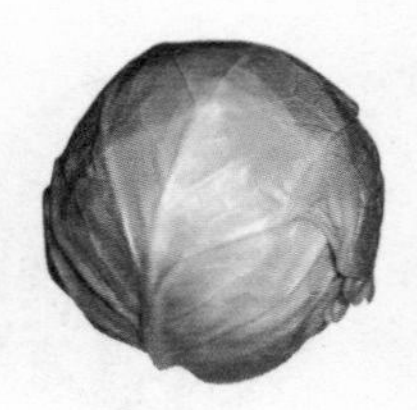

卷心菜

卷心菜含有丰富的维生素E，不但具有很强的抗氧化作用，还可以促进皮肤的血液循环，防止色素沉淀和淡化雀斑。外层叶子越多、越嫩的卷心菜抗氧化的作用越强，护肤美肤的效果也越好。

土豆

土豆是一种营养丰富的食物，它保养容颜的功效也不可小视哦！土豆中所含的淀粉是皮肤的天然安抚剂，不但能锁住水分，使皮肤保持水润和弹性，还有保护皮肤角质层、延缓衰老的作用。

莴苣

莴苣含有丰富的维生素和钙、磷、铁等营养物质，特别是含有丰富的维生素E，用它来做面膜可以滋润皮肤，促进皮肤的血液循环，延缓衰老，防止出现皮肤色素，还对皮肤过敏、晒伤、粉刺、毛细血管扩张等皮肤问题有一定的治疗作用呢。

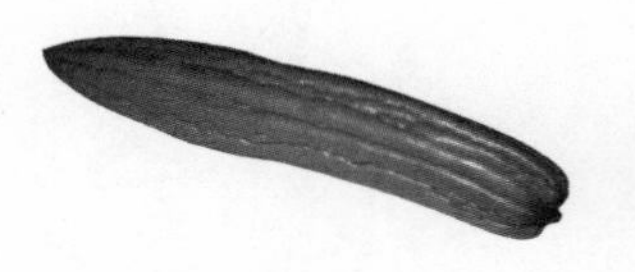

苦瓜

苦瓜中含有丰富的维生素C，可以中断黑色素的生长，使皮肤变得白皙细嫩，富有弹性。苦瓜中所含的奎宁精，可以增强皮肤细胞的活力，有助于延缓皮肤衰老，并使皮肤变得更加细腻红润。在天气炎热的夏天，敷上冰过的苦瓜片，还能迅速解除肌肤的烦躁感。

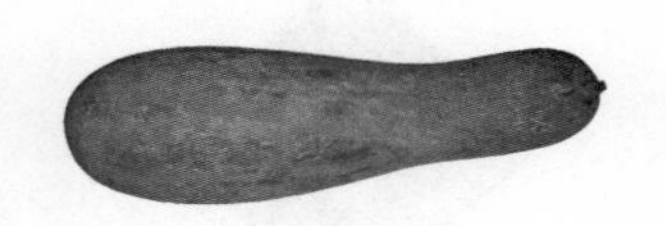

冬瓜

冬瓜清凉滋润，可以淡化色斑、美白肌肤，自古以来冬瓜就被人们当作护肤养颜的宝贝大加应用。连医药典籍《本草纲目》里都说了，冬瓜瓤“洗面澡身，去黑渍，令人悦泽白皙”。冬瓜的美容功效，应该是毋庸置疑了吧！

黄瓜

黄瓜是早已深入人心的天然美容品。这是因为黄瓜中含有一种具有很强生物活性的生物酶，能有效地促进皮肤的新陈代谢和血液循环，从而具有令人惊讶的润肤效果。只要削一些薄薄的黄瓜片贴在脸上，15分钟后拿下来，你就会发现，皮肤已经在不知不觉中变得润泽多了。

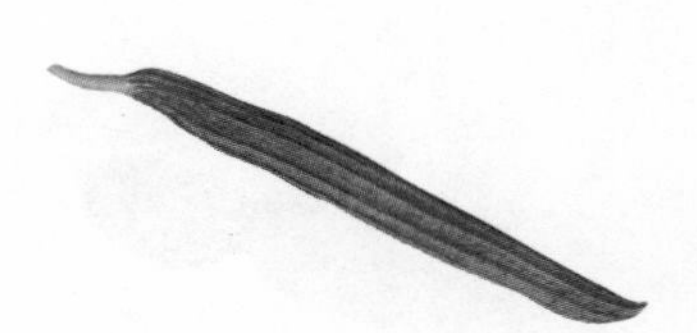

丝瓜

丝瓜含有丰富的维生素、矿物质、植物黏液和木糖胶，具有非常好的增白、去皱效果。长期吃丝瓜或用丝瓜液擦脸，都可以起到使肌肤柔嫩、光滑的作用。丝瓜还可预防、消除痤疮和黑色素沉着，使肌肤滋润和嫩白。

核桃

核桃含有丰富的亚麻酸、亚油酸等不饱和脂肪酸，能促进皮脂腺的油脂分泌和皮肤的新陈代谢，滋润肌肤。在气候干燥的冬季，每天吃上3～5个核桃，就能起到预防皮肤干燥的效果。

芝麻

芝麻里含有丰富的蛋白质、脂肪、钙、磷、铁、维生素A、维生素B、维生素D、维生素E等营养物质，可以润泽肌肤，保持皮肤的弹性，预防皮肤干燥、粗糙，使皮肤显得柔嫩和有光泽。

大蒜

大蒜中含有维生素B_1、维生素B_2和维生素C，能够促进皮肤血液循环，去除皮肤表面的死皮，抑制黑色素的生成和沉积，美白肌肤，淡化色斑，预防皮肤病的发生。

豆腐

豆腐含有丰富的大豆蛋白和矿物质，可以为肌肤提供充足的营养；还具有清热、润燥、生津、解毒的功效。爱吃豆腐的人的皮肤一般都比较细嫩、光滑，很少生暗疮。豆腐里还含有具有保湿作用的卵磷脂，用豆腐按摩，可以起到保湿、美白的护肤功效。

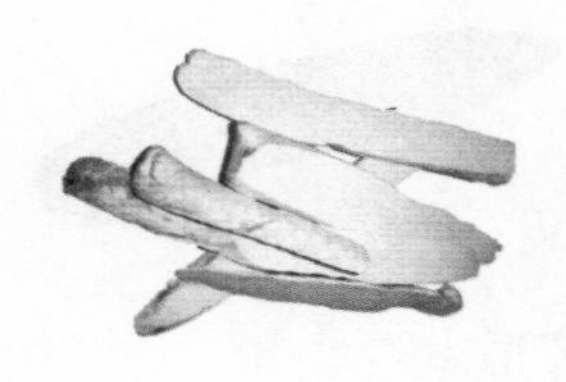

山药

山药含有丰富的淀粉、蛋白质、维生素B_1、维生素B_2、维生素C、烟酸、胡萝卜素、纤维素和胆碱、黏液质等多种营养成分，能够生津润燥，滋养皮肤和毛发。山药里的黏液可以收缩毛孔、紧致肌肤，具有极佳的美容效果。

绿豆

绿豆味甘性凉，有很好的清热、解毒、祛火作用，是一种效果超级好的天然排毒养颜品。很多人吃了煎炸油腻的食物后会出现暗疮、痱子、皮肤瘙痒等症状，只要喝上一碗绿豆汤，很快就能使这些症状得到缓解。用绿豆磨成的绿豆粉，还可以增强皮肤的抗过敏能力，有效清除毛孔里的污垢，让皮肤变得清爽、细腻。

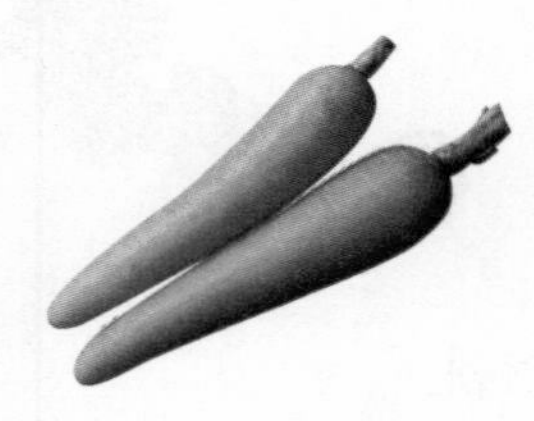

胡萝卜

胡萝卜中含有较丰富的胡萝卜素，进入人体后在酶的作用下会转化成具有滋润皮肤和治疗皮肤干燥症功效的维生素A，特别适合干性皮肤的MM哦！胡萝卜可以吃，也可以用来做面膜。需要注意的是，胡萝卜虽好，也不能天天吃，否则会因为胡萝卜素摄入过量而变成“黄皮姑娘”哦！

莲藕

莲藕含有丰富的维生素C、类胡萝卜素、黏液蛋白、卵磷脂等营养物质，还含有单宁酸、儿茶素等抗氧化的成分，具有平滑爽肤、收敛紧致和延缓皮肤老化的美肤作用。经常吃莲藕或用藕粉做面膜的话，能使你的皮肤长期保持洁白细腻、光滑可人。

芦荟芹菜面膜

可以天天用的温和补水面膜

适用肤质：任何肤质。
美颜功效：去除皮肤油脂，补充水分，滋润肌肤，消除脸部红肿不适。
制作费用：2元。

材料：

芦荟叶1片，芹菜1根（选较为肥厚的芹菜）。

做法：

① 将芦荟叶用水果刀切开，取出其中的芦荟胶；芹菜洗净，切长段；
② 把芦荟胶和芹菜放入果汁机中打碎，搅拌均匀即可。

用法：

① 洗干净脸，用面膜纸沾取汁液，敷于脸上；
② 静待10～15分钟，揭下面膜纸，再用冷水冲洗干净。

试用报告

芹菜富含蛋白质、多种维生素，有很好的去痘功效，为肌肤补充水分，滋润肌肤，还可以淡化痤疮产生的疤痕，让肌肤变得更光滑；而芦荟胶可促进细胞的新陈代谢，对恢复皮肤弹性，延缓衰老有很大的作用。在使用这款面膜时，用指肚轻轻地由内向外以打圈的方式按摩脸部，可以使肌肤更加快速地吸收养分哦！

美颜妙方

取新鲜的芦荟叶1片，洗净去皮，放到榨汁机里榨汁，过滤掉渣滓，再用黄瓜1根洗干净榨汁，按照1小匙芦荟汁加3小匙黄瓜汁的比例混合，加入少量燕麦粉搅拌均匀，就成了可以祛痘、去斑、营养、美白的芦荟黄瓜面膜。

莴苣叶面膜

告别粗糙暗沉皮肤

适用肤质：任何肤质。
美颜功效：美白滋润肌肤，改善皮肤粗糙暗沉现象。
制作费用：1元。

材料：

嫩莴苣叶5片，纯净水50毫升，面膜纸1张。

做法：

① 将莴苣叶洗净，切碎；
② 将切碎的莴苣叶与纯净水放入榨汁机榨汁。

用法：

① 将汁液均匀涂在面膜纸上，敷于脸部；
② 15分钟后揭下面膜纸，以清水洗干净脸部。

试用报告

莴苣又叫莴笋，它的叶子含有丰富的维生素和微量元素。这款面膜的营养成分可直接被皮肤吸收，美白滋养肌肤，改善皮肤粗糙暗沉现象，让你轻松拥有好气色！在莴苣汁里加入适量的牛奶，可以使美白滋润的效果大大增强哦！

美颜妙方

下次做菜时，一定要留下一些鲜嫩的菜叶做一下面膜哦！剩下的汁液也可作为爽肤水用来擦脸，对防止皮肤刺激，细致皮肤也有不错的功效呢！

芦荟蛋清蜂蜜面膜

日光浴后的好伴侣

适合肤质：任何肤质。
美颜功效：减少肌肤细纹，清凉镇定皮肤。
制作费用：2元。

材料：

芦荟叶1片，蜂蜜2小匙，鸡蛋1个。

做法：

① 将芦荟叶清洗干净，去刺去皮，取胶原质；
② 将鸡蛋的蛋清、蛋黄分离，取出蛋清备用；
③ 将芦荟汁与蛋清、蜂蜜一起放入搅拌机内搅匀。

用法：

① 彻底清洗脸部，将面膜均匀涂抹在脸上，避开眼、唇四周，用手指由内到外打圈按摩；
② 15~20分钟后，用冷水冲洗干净。

试用报告

芦荟具有良好的美肤功效，早在公元前14世纪，埃及艳后就利用芦荟美容，因此而拥有光滑细嫩的肌肤。现代科学证明，芦荟能够补充水分，保持皮肤柔嫩、光滑、富有弹性。同时，芦荟能消炎解毒、镇痛，对灼伤的皮肤尤其有效，皮肤被强烈的紫外线灼伤后，可用该面膜做急救处理，达到清凉镇痛防止红痛过敏的目的。如果您刚从海滩度假回来，正为红肿的皮肤发愁，不妨试试这款面膜，会有意想不到的惊喜哦！

美颜妙方

取芦荟1片洗净去刺，再取黄瓜半根洗净去皮，一同放入榨汁机中榨汁，过滤掉渣滓，取其汁水备用。将鸡蛋打成蛋液，与芦荟黄瓜汁放入器皿中搅拌均匀，再加入蜂蜜继续搅拌，最后加入面粉调成糊状即可。这款面膜能有效地清洁肌肤，使肌肤充分地吸收水分，充满弹性。

卷心菜绿豆粉面膜

“油田”MM的福音

适用肤质： 任何肤质，特别适合油性发炎肤质。
美颜功效： 洁净皮肤，改善皮肤因青春痘引起的发炎现象。
制作费用： 2元。

材料：

卷心菜5片，绿豆粉2大匙。

做法：

① 卷心菜洗净，放入榨汁机内加适量纯净水榨汁；
② 在卷心菜汁中加入绿豆粉搅拌均匀，调制成泥膏状即可。

用法：

① 脸洗净，将面膜均匀敷于脸上，避开眼、唇部位；
② 15分钟后用冷水洗净。

试用报告

卷心菜有很好的消炎抗菌功能，可有效清洁皮肤，减少粉刺、青春痘的产生；这款面膜中的绿豆粉也有很好的清凉消炎作用，特别适合青春期皮肤。

美颜妙方

剩下的卷心菜汁也不要浪费，加点水果汁或蜂蜜，就是很好的清凉美颜果汁哦！卷心菜中含有丰富的维生素C、维生素E、β-胡萝卜素等营养物质，多吃卷心菜不但可以提高人体的免疫能力，帮助MM们预防感冒，还可以补骨髓、润脏腑，增强体质和延缓衰老呢！

藕粉牛奶面膜

白里透红，与众不同

适用肤质：任何肤质都适用，特别是干性肤质。
美颜功效：能长久滋润肌肤、补充肌肤所缺的水分，防止干性皮肤产生痤疮。
制作费用：2元。

材料：

藕粉1大匙，牛奶100毫升；

做法：

① 将牛奶加热到70～80℃左右；
② 将藕粉放入玻璃器皿或碗中，倒入热牛奶，搅拌成浓稠糊状。

用法：

① 将面膜厚厚地、均匀地涂抹在脸上；
② 静敷15分钟后用温水洗净。

试用报告

藕粉粉质细腻，有生津清热、滋阴润肤之效。坚持长期使用这款面膜，可使脸部肌肤变得细嫩晶莹，疤痕也变得不再明显。

美颜妙方

莲藕含有丰富的维生素、叶酸及铁质，能够很好地补血养血，还可以通便止泻、开胃生津，是女孩子们的上好滋补食物。

胡萝卜藕粉面膜

抵抗肌肤氧化与衰老

适用肤质：任何肤质。

美颜功效：去除油光，促进肌肤新陈代谢，改善粉刺、青春痘状况。

制作费用：2元。

材料：

胡萝卜半根，藕粉2大匙。

做法：

① 胡萝卜洗净，放入榨汁机内榨汁；

② 在胡萝卜汁中加入藕粉，充分搅拌均匀即可。

用法：

① 脸洗净，将面膜均匀敷于脸上，避开眼、唇部位；

② 20分钟后用温水洗净。

试用报告

这款胡萝卜藕粉面膜所含的胡萝卜素，可以抗氧化和美白肌肤，还可以清除肌肤的多余角质，对油腻痘痘肌肤也有镇静舒缓的功效；而且除了胡萝卜素之外，它还含有抗氧化不能少的维生素E，讨厌的小痘痘也会因为它的温和舒缓效果得到不错的改善呢。

美颜妙方

胡萝卜含有丰富的维生素A，能有效改善皮肤粗糙暗沉现象。使用美白“圣品”胡萝卜时，记得要削皮，打汁后将果渣滤掉，留下汁液，将胡萝卜汁浸泡面膜纸数分钟后，用来敷面，也有非常好的效果。

蛋黄橄榄油蜂蜜面膜

滋润补水NO.1

适用肤质： 各类肤质均可。
美颜功效： 具有良好的滋润脸部效果，使肌肤充满光泽。
制作费用： 2元。

材料：

橄榄油1小匙，蛋黄1个，蜂蜜1小匙。

做法：

将橄榄油与蛋黄、蜂蜜充分混合。

用法：

① 用温水清洁脸，沾取一些混合汁液敷在脸部；
② 敷约20分钟即可洗净。

试用报告

蛋黄中含有维生素A、维生素E等多种对肌肤极为重要的营养物质，不但可以润泽肌肤，还能防止皮肤的老化。橄榄油具有很好的保湿作用，还可以使皮肤变得光滑。蜂蜜可以为肌肤提供丰富的营养，并能促进皮肤的新陈代谢，减少色素沉着，防止皮肤干燥，使肌肤柔软、洁白、细腻。这三种成分结合起来，护肤养颜的效果自然是非常好的了。但这款面膜超级滋润，所以油性肤质的MM不能用得太频繁。

美颜妙方

去掉面膜里的橄榄油，只用1个蛋黄和适量蜂蜜，再加上少许面粉调成蛋黄蜂蜜面膜，可治疗粉刺。去掉面膜里的蛋黄，只取100克蜂蜜和50克橄榄油，加热到40℃后调匀，用面膜纸吸收后覆盖到脸上，可以起到润肤、祛斑、抗皱和延缓皮肤衰老的作用。

红萝卜啤酒酸奶面膜

杀菌去面疱

适用肤质：任何肤质，特别是油性皮肤。
美颜功效：净化肌肤，改善皮肤发炎和出油现象。
制作费用：2元。

材料：

红萝卜3个，柠檬汁1小匙，酸奶1小匙，啤酒1大匙。

做法：

① 将红萝卜去皮后研磨成泥状；
② 在红萝卜泥中加入柠檬汁、酸奶与啤酒，充分搅拌。

用法：

① 将面膜汁涂抹在脸部，用手指由里到外打圈按摩，促进吸收。
② 20分钟后，用冷水洗净即可。

试用报告

红萝卜蕴含解毒成分，有消炎杀菌之功效，将红萝卜磨成泥做面膜能够有效地去除面部油脂，去除面疱，使脸部肌肤清洁，紧实。红萝卜所含的胡萝卜素可以抗氧化和美白肌肤，还可以清除肌肤的多余角质，加上有消炎功效的柠檬汁，这款面膜对油腻痘痘肌肤有很好的镇静舒缓作用。

美颜妙方

常喝红萝卜汁，对提高新陈代谢、自然地减轻体重也非常有效哦！

牛蒡绿豆粉面膜

深层洁净毛孔

适用肤质：油性肤质。
美颜功效：消炎杀菌，调节肌肤油脂分泌，使肌肤洁净，改善青春痘状况。
制作费用：2元。

材料：

牛蒡小半根，绿豆粉2大匙。

做法：

① 将新鲜牛蒡洗净，榨汁备用；
② 取牛蒡汁煮开，调和绿豆粉搅拌成泥状即可。

用法：

① 将面膜放凉后均匀涂抹于脸部；
② 敷15分钟左右后，用温水洗净。

试用报告

牛蒡富含纤维素，其汁液对肌肤而言具有相当好的收敛作用，具有调节肌肤油脂分泌的功能。使用这款面膜可达到清洁皮脂腺体的残渣，使皮脂腺通畅并能得到深层净化的功效。

美颜妙方

牛蒡是南方人爱吃的美味，被誉为“大自然的最佳清血剂”。经常食用可增强人体内最硬的蛋白质“骨胶原”，提高细胞活动，还可加强排便，经常坐办公室的MM可尝试这道甘甜口味的菜，有纤体奇效哦！牛蒡汁混合绿豆粉敷脸能消炎杀菌，改善黑头粉刺的现状。用剩的牛蒡汁也可抹在头皮上，防止头皮出油，预防头皮屑产生哦！

苦瓜绿豆粉面膜

超级排毒祛痘

适用肤质：油性肤质，特别是易长青春痘的肤质。
美颜功效：洁净肌肤、收敛毛孔，改善青春痘及暗疮。
制作费用：3元。

材料：

新鲜苦瓜半根，绿豆粉2大匙。

做法：

① 苦瓜洗净，榨汁；
② 用绿豆粉调和苦瓜汁成泥膏状即可。

用法：

将调制好的面膜敷于脸上待15分钟，再用温水将脸洗净。

试用报告

苦瓜含丰富维生素，可以清热退火，滋润白皙皮肤，还能镇静和保湿肌肤，特别是在容易燥热的夏天，敷上冰镇过的苦瓜绿豆面膜，能去除脸上的油光，防止痘痘的烦恼哦！

美颜妙方

取半根苦瓜洗净，榨成汁，加上一勺面粉调匀，涂在脸上，15分钟后清洗干净，再用冷毛巾敷一会儿，也可以起到祛除痘痘的效果哦！如果不怕苦，也可把苦瓜汁作为清凉下火的保健饮料。

蜜酒冬瓜面膜

古代美白去皱方

适用肤质：任何肤质。
美颜功效：美白紧致肌肤，淡化皮肤色斑。
制作费用：3元。

材料：

冬瓜100克，白酒1大匙，蜂蜜2大匙，水200毫升。

做法：

① 将冬瓜洗干净，去皮，切成片状；
② 将冬瓜片放入锅中，加入水与酒，煮成软烂状；
③ 加蜂蜜一起熬煮成膏状，放凉即可。

用法：

① 洗净脸，将冬瓜膏均匀敷在脸上，避开眼、唇；
② 15分钟后，用温水冲洗干净。

试用报告

冬瓜是古人常用的美白材料，有很好的润肤增白的功效。这款用冬瓜制成的保养面膜，能够有效地防皱去皱，增白活血，促进脸部血液循环，使你轻松拥有好气色。

美颜妙方

将冬瓜去皮去籽，用搅拌机打成糊，加入适量的牛奶和面粉调匀，敷在脸上，15分钟后洗净，可以收到很好的润肤增白的效果。冬瓜瓤也有很好的美肤功效哦，用冬瓜瓤洗脸，可除去脸上的色斑，使皮肤柔润光洁白皙。常吃冬瓜可以利水消肿，经常食用可以起到减肥的效果哦！

蛋黄西红柿黄瓜面膜

温和补水抗衰老

适用肤质：任何肤质。

美颜功效：延续肌肤老化，抗皱嫩肤，修护痤疮受损肌肤。

制作费用：3元。

材料：

鸡蛋1个，西红柿半个，黄瓜半根。

做法：

① 西红柿、黄瓜洗净去皮，放入榨汁机中榨汁；

② 鸡蛋以过滤勺将蛋黄与蛋清分离，取蛋黄备用；

③ 将西红柿黄瓜汁与蛋黄放入器皿中搅拌均匀即可。

用法：

① 将面膜均匀涂抹于脸部；

② 敷15分钟左右后，用温水洗净。

试用报告

西红柿中含有丰富的茄红素，是极佳的抗氧化物质，能帮助肌肤有效抗老化；蛋黄可收缩毛细孔，使疤痕组织新生，令肌肤细致光滑。这个面膜能为各种肤质补充水分，性质温和，并且价格低廉，是省钱的美容必备品哦！

美颜妙方

将半个熟透的西红柿去掉皮、籽，用汤匙捣烂，加入1勺脱脂奶粉和适量蜂蜜，搅拌成糊状，均匀地涂在脸上，10分钟后用温水洗干净，可以收到很不错的清洁、去油、美白和镇静的效果，很适合油性皮肤的MM。

小黄瓜西红柿苹果蜂蜜面膜

帮助肌肤修复与再生

适用肤质：任何肤质。
美颜功效：保湿舒缓肌肤，防止肌肤老化。
制作费用：3元。

材料：

小黄瓜半根，西红柿1/4个，苹果1小片，蜂蜜2大匙。

做法：

① 小黄瓜、西红柿、苹果洗净，放入果汁机中榨汁；
② 将蜂蜜与果蔬汁搅拌均匀即可。

用法：

① 将汁液均匀沾在面膜纸上，敷在脸部；
② 15分钟后揭下面膜纸，以清水洗干净。

试用报告

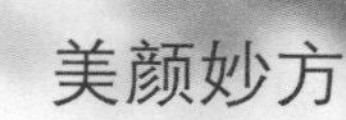

水分充足的小黄瓜，富含维生素的西红柿加上苹果中的果酸，这款面膜具抗氧化及净化肌肤的功效，对皮肤非常有益。而蜂蜜对于脸部肌肤再生与修护都有很大的帮助，可消除脸上细纹，使肌肤变得美白光洁、紧致润滑。长期使用这款面膜能使脸变得精致小巧哦！

美颜妙方

如图省事，可将1根小黄瓜洗净后刨成泥，置于冰箱冷藏半天，然后洗净脸，用面膜纸沾取冷藏的小黄瓜泥，敷在脸部10～15分钟后揭下，洗净脸部，也可以起到很好的镇静舒缓及美白保湿的功效，最适合平抚晒伤后的肌肤，效果很好哦！

山药蜂蜜面膜

收缩毛孔，润泽肌肤

适用肤质：任何肤质。
美颜功效：防止肌肤老化，有效收缩毛孔，让肌肤更细致光滑。
制作费用：3元。

材料：

山药粉1大匙，蜂蜜2大匙。

做法：

① 将山药粉放在小碗中；
② 将蜂蜜与山药粉混合，搅拌均匀。

用法：

① 将面膜均匀涂于脸部，避开眼、唇部；
② 15分钟后，用温水冲洗干净。

试用报告

山药粉能防止肌肤老化，收缩毛孔，美容效果极佳。山药蜂蜜面膜，能有效润泽皮肤，让脸部肌肤白皙有光泽。

美颜妙方

山药健脾补肺、益胃补肾，含有超丰富的营养，具有好得令人吃惊的保健和美容功能，是天性爱美的MM们不可多得的滋补食品。可以用山药粉来熬糊糊喝，也可以用新鲜山药熬汤或者煮菜，美颜效果都很不错。

红酒蜂蜜芦荟面膜

回复粉嫩容颜

适用肤质： 任何肤质均可使用。
美颜功效： 可以使毛孔紧致，感觉就像回复到孩童时的肌肤。
制作费用： 4元。

材料：

红酒1大匙，蜂蜜2大匙，芦荟1小片。

做法：

芦荟去皮取出芦荟胶，与红酒、蜂蜜混合。

用法：

① 用温水清洁脸部肌肤，然后取适当的面膜均匀地涂在脸上；
② 15分钟后，一边冲洗一边打圈，直至完全冲洗干净。

试用报告

红酒中的红酒素能够保湿及淡化皮肤黑色素，用该款面膜敷脸后能保持面部红粉菲菲。

美颜妙方

红酒有极好的养颜功效，MM们如果坚持每晚睡前饮1小杯红酒，不但能安神助眠，还能让肤色变得更红润。

土豆蛋黄鲜奶面膜

退黑消炎有奇效

适用肤质：任何肤质。
美颜功效：美白嫩肤，防止皮肤过敏。
制作费用：2元。

材料：

土豆半个，蛋黄1个，脱脂鲜牛奶2大匙。

做法：

① 将土豆去皮切小块，用榨汁机搅拌成土豆泥；
② 在土豆泥中加入蛋黄和鲜牛奶搅拌均匀即可。

用法：

① 脸洗净，将面膜均匀敷于脸上，避开眼、唇部位；
② 20分钟后用温水洗净。

试用报告

土豆当中含有丰富的维生素，可促进皮肤细胞生长，保持皮肤光泽有弹性，漂白皮下黑色素，防止皮炎的产生。它不仅可以起到美白嫩肤的作用，而且还可以减退夏日晒斑呢。另外，把土豆切片敷眼有去掉黑眼圈的神奇功效。不过，制作这款面膜时一定要用新鲜的土豆，发芽的土豆中含有的有毒物质会对皮肤产生伤害哦！

美颜妙方

将土豆蛋黄鲜奶面膜里的蛋黄换成甘油（5克），搅拌均匀，就成了对油性皮肤特别有好处的土豆泥甘油面膜。这款面膜对经常出油、爱生痘痘的肌肤有很好的去油、滋养和调理作用。在敷用的时候除了要均匀地涂在脸上，最好再用热毛巾或在热水里浸过的干净纱布覆盖脸部一下，20分钟后洗掉，就能起到很好的效果。因为有很强的去油效果，最好不要天天做，每周做1～2次就足够了。

玉米粉牛奶面膜

滋润又清爽

适用肤质：各类肤质均可。
美颜功效：玉米粉具有良好的滋润效果，能够创造光洁润泽的肌肤。
制作费用：2元。

材料：

玉米粉2大匙，牛奶2小匙。

做法：

将玉米粉与牛奶充分搅拌混合。

用法：

① 用温水将脸部肌肤清洁干净，然后取出适量面膜均匀地涂抹在脸上；
② 20分钟后用温水洗净即可。

试用报告

玉米粉里含有丰富的抗氧化剂，可以帮助肌肤抗衰老、淡斑、美白，还有很不错的去角质功效。牛奶对皮肤的好处就更不用说了，清洁、美白、滋润、紧致，样样出色。抗氧化的玉米粉加上营养丰富的牛奶，做出来的面膜当然具有营养美白的双重功效啦，保管你的皮肤从此光滑白皙，谁见了都羡慕。

美颜妙方

用2大匙玉米粉、1大匙薏仁粉，加上少量的橄榄油和清水做成的玉米薏仁面膜，祛斑美白的效果也不错哦！

红豆泥面膜

清热解毒、以豆治痘

适用肤质：任何肤质，更适合油性肤质。
美颜功效：清热解毒，消除多余油脂，防止青春痘、痤疮产生。
制作费用：2元。

材料：

红豆100克。

做法：

① 红豆洗净，放入沸水中煮30分钟左右，直至红豆软烂；
② 将煮烂的红豆放入搅拌机内充分搅拌，打成红豆泥，待冷却后即可使用。

用法：

① 将面膜均匀涂抹于脸部；
② 静敷15分钟左右后，用温水洗净。

试用报告

这款面膜具有清热解毒的功效，能促使皮肤迅速排出油脂，控制痤疮，让肌肤更健康更嫩滑清透。生红豆粉也有很好的洁净、去角质功效，在日本用红豆粉洗脸是很古老的美容保养方法哦！

美颜妙方

将10克红豆粉和10克酸奶（要脱脂的）搅拌到容易涂抹的程度后，轻轻地敷在脸上（避开眼睛和嘴唇），5~10分钟后用温水洗净，就可以达到彻底清洁肌肤、去除角质、使肌肤光滑亮泽的效果。

绿豆鸡蛋面膜

祛痘、消炎、去油

适用肤质：中性及干性肤质，特别是容易发炎的皮肤。
美颜功效：杀菌，排毒，保湿。
制作费用：2元。

材料：

绿豆粉2大匙，鸡蛋1个，纯净水适量。

做法：

① 将鸡蛋的蛋黄滤出，置于玻璃器皿中备用；
② 用绿豆粉调和鸡蛋黄，加入纯净水拌成泥膏状即可。

用法：

① 将面膜均匀、轻柔地涂抹在脸上，避开眼、唇部；
② 静敷15分钟后，用温水洗净。

试用报告

蛋黄营养丰富，还有补水保湿的功效。这款面膜中用蛋黄混合绿豆粉，不但可杀菌、消炎，还有保湿补水的功效。油性肌肤的MM直接用蛋白敷脸也可使肌肤细致，保持清爽哦！

美颜妙方

绿豆含有丰富的蛋白质、维生素、钙、磷、铁等营养素，不但有很高的食用价值，还有超强的清热解毒的功效。在天气炎热的夏天喝点绿豆汤，不但能够解暑，还可以补充水分和无机盐，增强人的体力呢！

南瓜豆腐绿茶面膜

淡化皮肤疤痕

适用肤质：任何肤质，特别是暗沉或有暗疮疤痕的混合性及油性皮肤。
美颜功效：加速肌肤的新陈代谢，平抚皮肤细纹，使肌肤柔嫩细致。
制作费用：3元。

材料：

南瓜肉100克，豆腐50克，绿茶粉2大匙。

做法：

① 南瓜削皮洗净切小块；
② 把南瓜、豆腐、绿茶粉一同放进搅拌机充分搅拌成泥膏状即可。

用法：

① 将面膜均匀涂抹于脸部；
② 敷在脸上后约20分钟便可洗掉。

试用报告

南瓜质地滑爽、柔和，蕴含大量维生素C，用作面膜能加速皮肤新陈代谢，淡化痘痘凋谢后留下的凹凸洞及疤痕，令面部肌肤回复滑溜，并能令肌肤变得有光泽。豆腐含丰富的水分、蛋白质和维生素等多种有益物质，能有效地滋养肌肤，调节脸上水油平衡，促进毛孔收缩，使肌肤细腻。这款面膜对消除面部细小皱纹也非常有效哦！

美颜妙方

豆腐还有美白的效果，把50克豆腐和1大匙酵母粉调成糊状敷脸，更能促进肌肤的新陈代谢，改善油性肤质，有效阻止粉刺的产生，使小脸水嫩腴白，惹人喜爱。

大蒜蜂蜜面膜

拥有迷人小脸

适用肤质：油性肤质，敏感性皮肤慎用。
美颜功效：消除脸部浮肿，平衡分泌过多油脂的皮肤，防治青春痘。
制作费用：2元。

材料：

大蒜3瓣，面粉2大匙，蜂蜜1大匙。

做法：

① 将大蒜捣成泥状；
② 在大蒜泥中加入面粉与蜂蜜，充分搅拌均匀；
③ 将大蒜蜂蜜面膜冷藏后再使用。

用法：

① 清洁脸部后，将面膜均匀涂在脸上，避开眼、唇部位；
② 静置15～20分钟后用温水洗净。

试用报告

大蒜可以刺激脸部肌肤的血管，加快新陈代谢，去除肌肤的老化角质层，软化肌肤，达到净肤瘦脸的效果。大蒜还能够有效杀菌，使肌肤洁净，并能够抑制过多的油分，彻底清洁长面疱的脸部。这款非常适合油性肤质的MM使用哦！不过，如果你是敏感性肤质，一定要先小面积试用，如有不适反应立即冲洗干净。

美颜妙方

大蒜里含有许多硫化物，具有超强的杀菌消炎作用。经常吃点大蒜，对预防感冒、清除肠胃中的有毒物质、预防肠胃疾病有很大的好处。大蒜还有一个特别受欢迎的功效，就是可以抗癌。很多人不喜欢吃大蒜，大概是怕吃大蒜会使人的口气变得很难闻。这个问题其实很好解决：只要在吃过大蒜后喝一杯牛奶，或是嚼几粒花生或几片茶叶，那种难闻的气味就会消失得“无影无踪”了。

丝瓜燕麦面膜

和粗大毛孔说byebye

适用肤质：任何肤质。
美颜功效：洁净皮肤，收缩毛孔，令肌肤光滑细致。
制作费用：2元。

材料：

新鲜丝瓜1/4根，燕麦1大匙。

做法：

① 丝瓜削去外皮，洗净、切小片；
② 将丝瓜榨汁与燕麦充分搅拌即可。

用法：

① 将面膜均匀涂于脸部，避开眼、唇部；
② 15分钟后，用温水冲洗干净。

试用报告

丝瓜含多种维生素，可有效漂白皮肤，去除肌肤多余的油脂。这款面膜使脸部粗大毛孔变得细小平整，皮肤细腻而有光泽，保持肌肤细嫩。

美颜妙方

用丝瓜柔软的瓜瓤直接擦拭皮肤，可以使毛孔通畅，有助于排出废物、洁净皮肤，还可以减缓皮肤的老化。将丝瓜汁兑上蜂蜜水服用，对咽喉发炎肿痛有很好的效果哦！

糯米小黄瓜面膜

对抗肌肤小细纹

适用肤质：任何肤质。
美颜功效：延缓肌肤老化，抗皱嫩肤。
制作费用：2元。

材料：

糯米50克，小黄瓜半根。

做法：

① 糯米煮成浓粥后，用无菌纱布过滤、取汁；
② 小黄瓜洗净切小块，加入糯米汁，放入果汁机中充分搅拌即可。

用法：

① 脸洗净，用面膜刷沾取汁液均匀涂抹在面膜纸上，直接敷在脸部；
② 20分钟后揭下面膜纸，用冷水洗净。

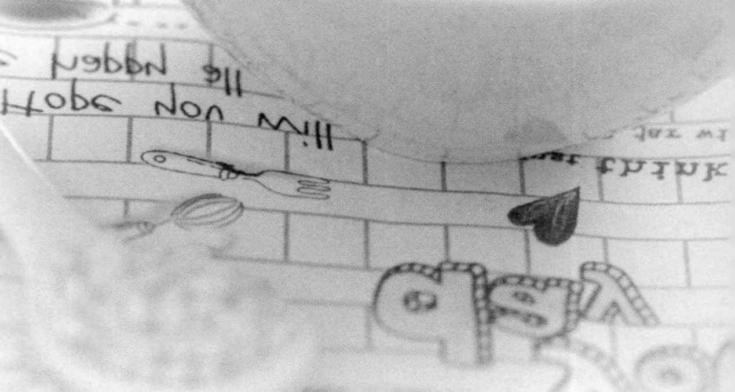

试用报告

糯米含有维生素B_1、维生素B_2、蛋白质、脂肪、锌等多种营养物质，能够营养皮肤，使皮肤光滑，减少皱纹，配合黄瓜更能达到保湿的作用哦！如果是干性肤质，在面膜中加入2匙鲜牛奶可加强美白滋润的功效。

美颜妙方

用蛋清1个调成糊状，加入糯米粉2大匙，用来敷面（约15分钟），可以起到不错的紧肤效果，还能抚平脸部细纹，让肌肤更加光滑。

糯米土豆蜂蜜面膜

排出黑色素，紧致肌肤

适用肤质：任何肤质，尤其是干性皮肤。
美颜功效：嫩白肌肤，能使肌肤清洁、细致。
制作费用：2元。

材料：

糯米粉2大匙，土豆半个，蜂蜜1大匙，纯净水适量。

做法：

① 土豆去皮洗净，切小块放入搅拌机；
② 再倒入蜂蜜、纯净水，搅拌均匀；
③ 将糯米粉加入土豆蜂蜜泥中，搅拌均匀即可使用。

用法：

① 将面膜均匀轻柔地涂抹在脸上，避开眼、唇部；
② 静敷15分钟后，用温水洗净。

试用报告

糯米中含有一种叫PRLA的活性成分，能够分解黑色素，并通过代谢排出去，使皮肤细腻有光泽；蜂蜜能促进肌肤新陈代谢，增强肌肤弹性，是排毒养颜的佳品。这款面膜能改善干性肤质，收紧松弛的皮肤，平滑疤痕，使肌肤更紧致细腻，所以MM们千万不要嫌麻烦哦！

美颜妙方

其实白米饭，尤其是糯米饭就有不错的洁肤美肤功效哦。将温热的米饭搓成团状，轻轻地从面颊下方向上打圆圈，直到覆盖整个面部，8分钟后用温水冲洗干净，不仅可去除皮肤表面的灰尘、油质及其他污物，洁净肌肤，令皮肤细腻光滑，其中的淀粉更可以给面部皮肤补充营养，消除皮肤细纹，很适合油性及毛孔粗大的皮肤进行彻底的清洁哦。米饭还有很好的美白效果呢，长期使用能使肌肤变得光洁，越发迷人。

燕麦酸奶橄榄油蜂蜜面膜

留住青葱岁月

适用肤质：中性偏干肤质。
美颜功效：能够使肌肤更加光泽嫩滑，年轻而富有弹性。
制作费用：3元。

材料：

原味酸奶1杯，燕麦片1大匙，橄榄油1大匙，蜂蜜1大匙。

做法：

① 将燕麦片用滤网过滤杂质后，用调羹背面稍微碾碎；
② 将燕麦片、酸奶、橄榄油、蜂蜜放入碗中搅拌均匀即可。

用法：

① 用温水清洁脸部后，取适量面膜均匀地涂在脸上，避开眼、唇四周。
② 20分钟后用温水洗净即可。

试用报告

酸奶中的有机酸具有非常优秀的杀菌作用，而燕麦中所含的B族维生素能有效阻止细胞内的不饱和脂肪酸氧化和分解、延缓衰老。这款面膜不但十分滋养面部，更有深层清洁的作用。

美颜妙方

将100克燕麦仁洗净，放到锅里，加上适量水煮至开花，倒入150克用牛奶调好的玉米粉糊糊，大火烧开后用小火稍煮3分钟（其间要不停地搅拌），就成了既营养丰富又具有滋润美白效果的燕麦牛奶玉米粥了，营养又瘦身，最适合MM们早餐食用。

燕麦蜂蜜牛奶面膜

给皮肤喝水

适用肤质：任何肤质。
美颜功效：能长久滋润肌肤，补充肌肤所缺的水分。
制作费用：2元。

材料：

蜂蜜2大匙，牛奶半杯，燕麦适量。

做法：

① 将牛奶缓缓加入蜂蜜中，边加入边搅拌；
② 最后加入燕麦充分搅拌均匀即可。

用法：

① 洁面后，将混和均匀的面膜均匀、轻柔地涂抹在脸上，避开眼、唇部；
② 用指肚由内向外以打圈方式按摩15分钟后用清水彻底洗净即可。

试用报告

这款面膜可以清洁和滋养肌肤，使皮肤柔软细腻。如果去掉牛奶，单用燕麦粉和蜂蜜调成的面膜，也可达到不错的效果。

美颜妙方

其实，很多时候皮肤问题是由身体内部机制引起的，比如说便秘，就会造成体内毒素排不出去，从而使皮肤显得暗沉，没有水分。这时候，除了进食大量含有食物纤维的食物外，你还可以把牛奶和蜂蜜用温开水调成牛奶蜂蜜饮，每晚睡前喝一杯，对身体大有好处。

黑芝麻粉蛋黄面膜

让皱纹晚来10年

适用肤质：干性及老化肌肤。
美颜功效：滋润肌肤，防止肌肤老化。
制作费用：2元。

材料：

黑芝麻粉1大匙，鸡蛋1个。

做法：

① 鸡蛋去壳取蛋黄；
② 将芝麻粉调入蛋黄中，搅拌均匀即可。

用法：

① 将调制好的面膜敷于脸上，避开眼部周围；
② 15～20分钟后，再用清水洗干净。每周建议使用2～3次。

试用报告

黑芝麻中含有大量人体必需的脂肪酸，还含有丰富的维生素B1、维生素E、钙等营养素，可使皮肤得到充分的营养物质与水分。蛋黄能有效舒缓脸部及颈部细纹。这款面膜锁水滋润，经常使用能让肌肤年轻、光滑。

美颜妙方

这款面膜也可以作为染烫发质专用的护发热油：在洗发前先抹于干燥的发尾，待20分钟后再用洗发精清洗头发，可以修护受损脆弱的发质。

核桃蛋清蜂蜜鲜奶面膜

美白淡斑兼去皱

适用肤质：任何肤质。
美颜功效：淡化面部斑点，亮泽肌肤。
制作费用：3元。

材料：

核桃粉1大匙，鸡蛋1个，脱脂鲜牛奶1大匙，蜂蜜1大匙，柠檬汁1小匙。

做法：

① 鸡蛋打开放入过滤勺中，将蛋清与蛋黄分隔开，取蛋清；
② 将核桃粉放入蛋清中，搅拌均匀；
③ 加入牛奶、蜂蜜和柠檬汁，继续搅拌均匀即可。

用法：

① 洗脸后把面膜均匀地涂于脸上，避开眼部及唇部；
② 20分钟后用温水洗净。

试用报告

这款面膜可以有效去除脸上皱纹，美白肌肤，还可淡化斑点，使脸上肌肤白嫩无瑕、富有光泽，非常适合每晚临睡前使用。如果出门前使用这个面膜，必须将脸上的柠檬汁清洗干净，因为柠檬中含有一种可以使光线反射的成分，会造成色素沉淀。如果脸上带着残余的柠檬汁出门晒太阳，不但不会除斑，反而会长出色斑。

美颜妙方

将100克冬瓜洗净去皮切丁，放到榨汁机里打成糊，调入10克核桃粉和10克蜂蜜拌匀，就成了具有淡斑、保湿、防晒作用的冬瓜核桃面膜了。护肤美容的效果真的很不错哦！

核桃珍珠粉牛奶蜂蜜面膜

实现美白去皱双重功效

适用肤质：各类肤质。

美颜功效：去除岁月皱纹，淡化黑色素，使脸上肌肤白嫩有光泽。

制作费用：5元。

材料：

核桃粉1大匙，珍珠粉少许，鸡蛋1个，蜂蜜1小匙，脱脂鲜牛奶2大匙。

做法：

① 鸡蛋以过滤勺分离蛋清与蛋黄，取蛋清备用；

② 将核桃粉、珍珠粉和蛋清混合，搅拌均匀；

③ 加入牛奶和蜂蜜，搅拌均匀即可。

用法：

① 临睡前将脸彻底洗净，面膜均匀涂于脸上，避开眼、唇部；

② 20分钟后用温水洗净即可。

试用报告

这款面膜可改善肌肤状况，使肌肤变得紧致白嫩，有光泽。蜂蜜的滋润性佳，与牛奶结合有卓越的滋润功效。

美颜妙方

核桃是著名的美容食物，常吃能通经络、润血脉，使皮肤细腻光润。将500克黄豆和20克白芨一起炒熟，磨成粉，调匀，取出30克，加上30克捣碎的核桃仁和60克大米一起熬成糊状，再加入适量冰糖熬化，就成了超级滋润的核桃养颜粥了。传说梅兰芳就是因为天天吃它，因此能够一直保持皮肤舒展、面容细嫩光润。

杏仁粉蛋清粗盐面膜

去除角质，还肌肤白皙

适用肤质：油性肤质，敏感性皮肤慎用。
美颜功效：改善皮肤粗糙暗沉现象，亮泽肌肤。
制作费用：3元。

材料：

杏仁粉1大匙，鸡蛋1个，粗盐1小匙。

做法：

① 将鸡蛋蛋黄滤出，蛋清置于玻璃器皿中备用；
② 将杏仁粉加入鸡蛋清，充分搅拌后调成泥状；
③ 加入粗盐后搅拌均匀。

用法：

① 将面膜均匀涂抹于脸部，避开眼、唇部；
② 20分钟后以温水一边冲洗，一边打圈，最后冲洗干净即可。

试用报告

杏仁具有美白滋润的功效，与蛋清搭配使用，能够紧致皮肤，使肌肤白皙细腻。杏仁中的脂肪酸能去除皮肤上的老化角质层，加上粗盐的磨砂作用，能够深层洁净皮肤，恢复皮肤的自然光泽。不过因为粗盐的关系，不适合在脸上有小伤口的时候使用哦！

美颜妙方

杏仁营养丰富，MM们可以当作小零食在办公室常备，不但可以止咳平喘、润肠通便，还有助于抗癌。不过不能一次性吃太多了哦，每天吃5～8颗就够了，因为杏仁有小小的毒性。

杏仁酸奶蛋黄面膜

温和去除脸部死皮

适用肤质：各类肤质，尤其是干燥老化肤质。

美颜功效：温和去除老死角质细胞，活化肌肤，使肌肤年轻嫩滑光彩夺目。

制作费用：3元。

材料：

酸奶1杯，杏仁粉1大匙，鸡蛋1个。

做法：

① 鸡蛋取蛋黄备用；

② 将杏仁粉、酸奶、蛋黄一起搅拌均匀即可。

用法：

① 将面膜均匀地涂在脸上，避开眼、唇四周，并用手轻轻按摩脸部促进吸收；

② 20分钟后用温水洗净。

试用报告

杏仁含有丰富的维生素A，可使肌肤嫩滑细腻、光泽有弹性；蛋黄含有丰富的蛋黄油、卵磷脂，类似于肌肤细胞膜的构造，容易深层渗透至肌肤里层，滋润功效极佳。

美颜妙方

将半根香蕉肉切成小块捣碎，加上杏仁粉2小匙和适量蜂蜜搅拌均匀，在脸上敷15分钟后（注意避开眼、唇）用温水洗净，能起到杀菌、消炎、润肤、抗皱、提高肌肤弹性的作用。

醋酿蛋清面膜

不要粉刺要美白

适用肤质： 油性肤质。

美颜功效： 有润肤美白之功效，还可清洁毛孔，去除粉刺。

制作费用： 10元。

材料：

鸡蛋5个，白醋200毫升。

做法：

① 白醋放入密封罐中；

② 把鸡蛋浸入白醋中，密封罐口，在阴凉处放置28日。

用法：

① 28日后取出鸡蛋，临睡前，将鸡蛋打入过滤勺；

② 分离蛋黄与蛋清，用蛋清敷脸；

③ 第二天早上起床后轻轻撕去蛋清薄膜，再以温水洗净即可。

试用报告

蛋清的主要成分是蛋清质，其营养物质可以通过毛孔直接被肌肤吸收，补充肌肤营养。在白醋中浸泡28天的鸡蛋，蛋清可有效地促进肌肤吸收，而且可柔化脸部肌肤。做这款面膜每次使用1个鸡蛋，剩余的鸡蛋可以继续浸在白醋中密封存放。

美颜妙方

蛋清含有丰富的蛋白质，具有清热解毒、润肺利咽的作用。将新鲜的鸡蛋清和适量白糖和在一起拌匀，打到起泡沫状，食用还可以治疗咳嗽。

“膜”法达人 question & Answer

怎样才能制作出适合自己的DIY面膜呢?

自制面膜的时候，要根据自己的皮肤状况、季节、气候的变化不断调节面膜的类型和成分，才能制作出最适合自己肌肤状况的面膜。比如：夏季天气炎热，人容易出汗，皮脂的分泌也很活跃，可以多做一些有清洁和收敛作用的面膜。黄瓜面膜既可以清洁肌肤，补水和平衡油脂的功效也很强，很适合在夏天用。冬季皮肤很容易干燥，牛奶、蛋清和香蕉有很好的保湿和营养功效，可以多做这一类材质的面膜。

有人说新鲜蔬菜制成的面膜因为分子太大、无法被皮肤吸收。这是真的吗?

当然不是。之所以会出现这种说法，可能是因为大部分蔬菜的细胞结构中多了一层细胞壁，直接把蔬菜切片（如小黄瓜切片）贴在脸上的话，有一些营养成分就无法穿透细胞壁到达皮肤，降低了这种做法的美容功效。如果把蔬菜打成汁就不存在这个问题了。因为这时候蔬菜的细胞壁已经被破坏，新鲜蔬菜中所含的维生素、矿物质、果酸、类黄酮素、多酚、胡萝卜素等对肌肤有益的成分可以很容易地到达肌肤表面，被皮肤吸收和利用。所以，用新鲜蔬菜制成的面膜敷脸，效果还是很不错的。

敷面膜的最佳时间是什么时候?

晚上，特别是晚上10点至12点之间。这个时间段是人一天里最放松的时候，也是皮肤进行自我调节和自我恢复的时候。在临睡前敷上一款适合自己的面膜，对皮肤来说绝对是最好的滋补。

自制面膜可以敷着过夜吗?

最好不要。面膜虽然对皮肤很有好处，但是敷的时间太长，反而会给皮肤带来很多问题。首先是皮肤长时间缺氧会损害皮肤细胞的正常呼吸功能，其次是影响皮肤对面膜中有效成分的吸收。有些面膜在皮肤表面停留的时间过长，还会反过来吸收皮肤表面的水分，使皮肤变得更干燥。所以，最好不要敷着自己制作的面膜睡觉，否则会给你带来很多损失。

身体特别累的时候做面膜会给皮肤造成伤害吗?

对。人在过度劳累状态的时候，皮肤也会因为帮助身体分担所承受的压力而变得十分脆弱。这时候皮肤最需要的是休息，而不是吸收营养。如果在这时候敷面膜，外来的营养物质反而会破坏皮肤自身的平衡，使皮肤受到刺激，甚至出现过敏。所以，在特别劳累的时候通过敷面膜使皮肤恢复光彩的做法是很不科学的。如果经常这样做，会对皮肤产生巨大的伤害。

Part 3

汉方中药面膜

打造东方神秘之美

中药美颜榜

银杏

银杏不但有健脾益肺、镇静收敛的健康功效，还可以祛除脸部多余的油脂，阻止黑色素的形成，使肌肤白皙润泽、光滑细嫩。

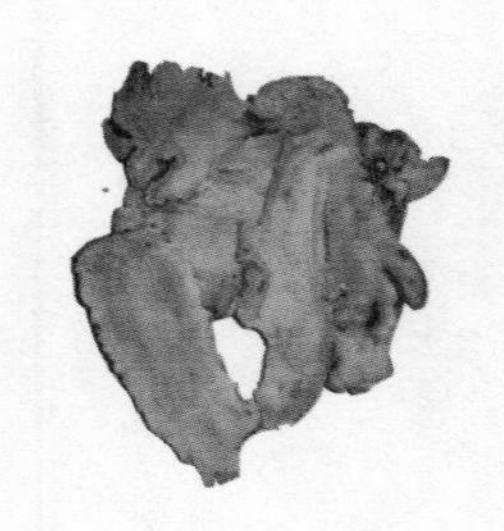

当归

当归是一种对女性的健康和美丽有巨大好处的中药。它不仅可以补血活血，润肠养胃，调经止痛，还具有祛除粉刺和青春痘、抑制黑色素生成、淡化色斑、使肌肤保持白皙润泽的美容功效。

白芨

白芨对护肤美容最大的贡献，就是可以锁住肌肤的水分，防止由于皮肤缺水而引起的干燥、粗糙和皱纹。在用白芨外敷锁水的同时，喝一些可以补水的玉竹（一种可以润肺的中药）汤，内滋外护同时进行，皮肤的水润程度自然就要直线上升啦！

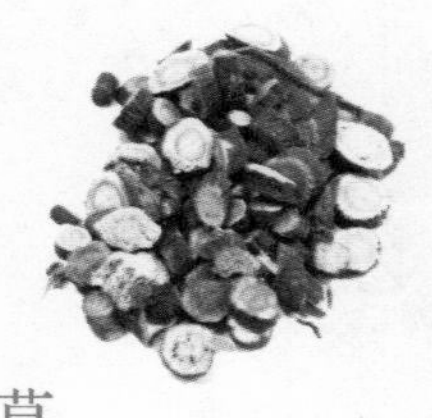

甘草

甘草也是一味很著名的美容中药。它除了可以滋补脾胃、润肺止咳，维护人们的身体健康，更具有镇定肌肤，滋润美白，预防雀斑、粉刺、青春痘及酒糟鼻的护肤功效。

白芷

白芷味香色白，主要功效是改善微循环，促进皮肤新陈代谢，延缓衰老，使皮肤白皙滋润，是一种应用广泛的古老美容中药。

薏苡仁

薏苡仁不但可以健脾补胃、消除身体上的水肿，还有祛除粉刺、美白保湿、使肌肤长时间保持润泽水嫩的美容保养功效。

橘皮

橘皮中含有丰富的维生素C和有机酸，不但滋润美白，还能够增加皮肤的弹性。只要在洗脸的时候，取少量的橘皮放进脸盆里，用热水泡一会儿，用浸泡出来的橘皮水洗脸，就可以轻松实现润肤美白的美容梦想了。

芦荟

芦荟中含有对皮肤极有好处的芦荟多糖和维生素，具有营养、滋润、美白肌肤的作用。早在公元前14世纪，埃及皇后就用芦荟来保养皮肤和头发；中国民间也有很多用芦荟来美容、护发和治疗皮肤疾病的小验方。近些年，人们又发现了芦荟的祛斑、消除粉刺、治疗青春痘和延缓皮肤衰老的功能。

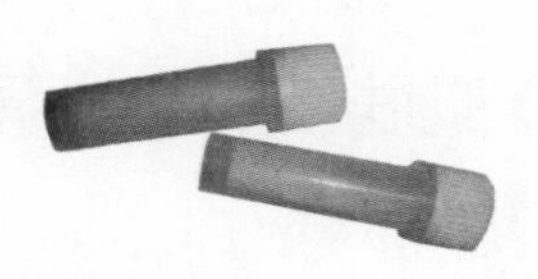

珍珠粉

珍珠粉既可以内服又可以外用。内服具有增强人体免疫力、清除人体内的自由基、延缓衰老的保健功效；外用则可以抑制黑色素的合成，美白肌肤，调节皮肤表面的油脂平衡。对于祛除黑头和青春痘，具有非常好的美容功效。

川芎

川芎含有丰富的维生素E，能促进皮肤内部的血液循环，光洁肌肤，还可以防治粉刺及各种面部斑点，对维持肌肤的细滑白嫩有很好的促进作用。

茯苓

茯苓可以健脾宁心，祛除面斑，使肌肤润泽透亮，很多祛斑除疮的护肤品里都会用到它。

银耳

银耳中含有丰富的蛋白质、脂肪和糖类，含有钙、磷、铁、钾、钠、镁、硫等矿物质，还含有丰富的天然胶质，具有抗老去皱、紧致肌肤、祛除色斑的美容功效。

冬瓜淮山润肤面膜

令肌肤红润有光泽

适合肤质：除敏感性肌肤外，均适用。
美颜功效：美白肌肤，令肌肤红润有光泽。
制作费用：2元。

材料：

冬瓜1片，淮山粉2小匙，纯净水适量。

做法：

① 将冬瓜洗净，去皮留籽切小块，放入果汁机中加纯净水打成泥状；
② 将淮山粉和冬瓜泥搅拌均匀即可。

用法：

① 将面膜避开眼、唇周围，均匀地涂抹在脸上；
② 静待10～15分钟，冲洗干净即可。

试用报告

淮山中含有一种植物雌激素，能调节女性内分泌，起到美白肌肤、焕发青春的作用。这款面膜惠而不贵，对改善肌肤暗沉无光的状况有明显作用，坚持使用能帮你找回面子问题哦！

美颜妙方

淮山煲鸡汤既能美容又瘦身，尤其是在干燥的秋季能给肌肤和头发起到很好的滋润效果，多食用能够保持青春活力。

白芷石膏牛奶面膜

古老美白方

适合肤质：任何肤质。
美颜功效：美白滋润肌肤，淡化黑斑。
制作费用：3元。

材料：

白芷20克，石膏20克，脱脂牛奶3大匙。

做法：

① 将白芷和石膏磨成粉；
② 加脱脂牛奶调成泥膏状即可。

用法：

① 将面膜轻轻地均匀地涂在脸上，避开眼、唇部位；
② 约20分钟后用清水洗净。

试用报告

白芷为古老的美容中药之一，现在市场上以其为原料的化妆品和美容品层出不穷。这款面膜对美白祛斑有显著的作用，能消除色素在组织中的过度堆积，并可改善微循环，促进皮肤的新陈代谢，延缓皮肤衰老，让肌肤润泽光滑，滋润的容颜呈现出水一样的灵气。

美颜妙方

取白芷10克和绿豆10克，分别研成细末，加适量纯净水调成糊状，在脸上敷20分钟后洗掉，既可以美白，又可以预防或祛除脸上的痘痘哦！

薏仁粉荷叶面膜

塑造完美小脸

适合肤质： 任何肤质。

美颜功效： 促进淋巴循环，消除脸部浮肿，收敛紧致肌肤。

制作费用： 3元。

材料：

荷叶10克，薏仁粉2小匙，水100毫升。

做法：

① 将荷叶加水用小火煎煮约2分钟至水剩下少量，滤汁备用；

② 荷叶汁拌薏仁粉调匀成膏泥状即可。

用法：

① 将调好的面膜敷于脸上，避开眼部及唇部周围；

② 静待10~15分钟，再用冷水冲洗干净。

试用报告

薏仁价格低廉，是中药里的“平民皇后”，深得大家的喜爱。薏仁外用于皮肤具有自然美白效果，能提高肌肤新陈代谢与保湿的功能，有效阻止肌肤干燥的现象。而荷叶汁也有助于促进淋巴循环和排除毒素，能发挥紧肤作用，消除面部浮肿。坚持使用这款面膜，就会自然而然呈现完美的小脸。剩下的荷叶汁内服，能利尿和降火。

美颜妙方

将薏仁粉10克和绿豆粉10克混合后拌匀，加上适量纯净水或丝瓜水搅拌成糊状，在脸上敷15～20分钟后清洗干净，可以滋润肌肤，使皮肤白皙、柔润。

苹果水珍珠粉面膜

脸蛋柔嫩有光泽

适用肤质：除敏感性肌肤外，均可使用。
美颜功效：美白净化肌肤，让皮肤柔软细腻。
制作费用：3元。

材料：

珍珠粉2支，苹果半个，洗米水50毫升。

做法：

① 苹果榨汁，放入洗米水中浸泡2小时；
② 取汁加入珍珠粉搅拌即可。

用法：

① 将汁液均匀涂抹在面膜纸上，敷在脸部；
② 15分钟后揭下面膜纸，以清水洗净。

试用报告

苹果具有很好的抗菌收敛作用；珍珠粉有消炎功效；洗米水中含有丰富的B族元素，可柔软肌肤，防止肌肤过敏。坚持使用这款面膜可感到脸部白嫩有光泽。

美颜妙方

还有一个最简单的用苹果美肤的办法：每天晚上睡觉之前，用完睡前护肤品后取苹果切片榨汁用来涂脸，20分钟后洗掉，就会使皮肤变得光滑、柔嫩。不管在什么时候用苹果汁涂脸，护肤品是一定不能省的，否则你可能会觉得皮肤有点干哦！

枸杞子面膜

祛斑、美白的大丰收

适合肤质：任何肤质。
美颜功效：祛斑、美白。
制作费用：2元。

材料：

枸杞子3大匙，纯净水半杯。

做法：

① 将枸杞子浸入水中约30分钟；
② 放入榨汁机中加纯净水榨汁即可。

用法：

① 彻底洁面后，将面膜纸放入调好的面膜中完全浸透，然后敷于脸部；
② 15～20分钟后，用温水冲洗干净。

试用报告

枸杞子含有多种营养成分，长期坚持使用可以提高肌肤吸收营养的能力。另外坚持使用这款面膜还能达到美白的作用，如果配合食疗，更是事半功倍。

美颜妙方

将纯净水用半杯牛奶代替，滋养皮肤的功效会更好哦！

杏仁蛋清鲜奶面膜

滋润美白肌肤

适合肤质：任何肤质。
美颜功效：滋润细腻皮肤，防止皮肤衰老。
制作费用：2元。

材料：

杏仁粉2大匙，鸡蛋1个，鲜奶2大匙。

做法：

① 鸡蛋1个，以过滤勺分离蛋黄与蛋清，取蛋清备用；
② 将杏仁粉加蛋清、鲜奶搅拌均匀即可。

用法：

① 洁面后，均匀地涂在脸上，用手指由内到外打圈按摩；
② 15～20分钟后，用冷水冲洗干净。

试用报告

这款面膜在保护皮肤的同时，还能使皮肤健康、充满活力。面膜成本不足2元，何乐而不为呢？

美颜妙方

把杏仁粉换成银杏粉也相当不错哦。银杏是一种“抗氧化剂”，可促进肌肤的血液循环、减少自由基的生成，防止自由基对皮肤的伤害，可以预防皮肤的敏感反应。银杏叶提取物具有促进血液循环、调节皮脂分泌、恢复健康肤色的作用。

归芨绿豆粉蜂蜜面膜

让肌肤爽滑到底

适合肤质：任何肤质，特别是T字部位易出油的肌肤。

美颜功效：滋润美白肌肤，使肌肤变得干净细致。

制作费用：3元。

材料：

白芨20克，当归15克，绿豆粉2大匙，蜂蜜1大匙。

做法：

① 把白芨和当归洗净，煮开后小火熬制5分钟，用干净纱布过滤取汁；

② 将汁液加入绿豆粉、蜂蜜搅拌成膏泥状即可。

用法：

① 将面膜均匀涂抹在脸上，避开眼、唇四周；

② 15～20分钟后，以温水彻底清洗。

试用报告

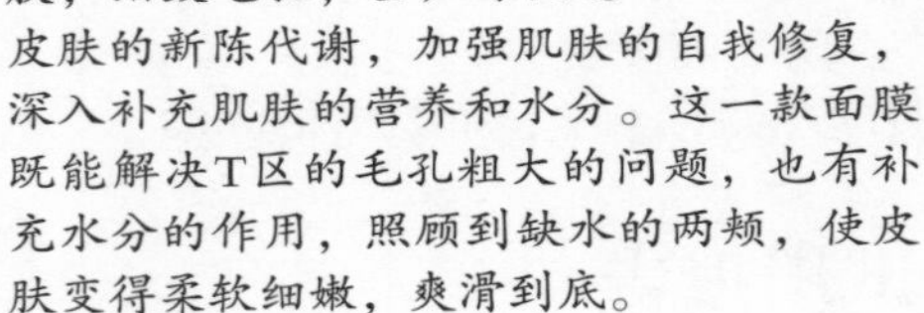

白芨可以在肌肤上形成一层薄膜，能够拉紧皮肤，细致毛孔；当归可促进皮肤的新陈代谢，加强肌肤的自我修复，深入补充肌肤的营养和水分。这一款面膜既能解决T区的毛孔粗大的问题，也有补充水分的作用，照顾到缺水的两颊，使皮肤变得柔软细嫩，爽滑到底。

美颜妙方

取1茶匙白芷粉、1茶匙白芨粉、2茶匙白茯苓粉，混合后加入适量蜂蜜或牛奶（冬天可以加蜂蜜，夏天最好加牛奶；如果是油性皮肤的话也最好加牛奶。加牛奶的话，要加脱脂的）调匀，在脸上敷20～30分钟后清洗干净，可以滋润、美白肌肤。

橘皮蛋黄面膜

防止色斑产生

适用肤质：各种肤质都适合。
美颜功效：加快肌肤细胞新陈代谢，从而减少皮肤色素沉着，防止色斑产生。
制作费用：3元。

材料：

橘皮2个，鸡蛋2个。

做法：

① 取橘皮，洗净放入榨汁机榨汁，去渣取汁备用；
② 鸡蛋用过滤勺分离蛋清和蛋黄，取蛋黄备用；
③ 在玻璃器皿或碗里加入蛋黄、橘皮汁，搅拌均匀即可。

用法：

① 用温水清洁脸部肌肤，然后将面膜均匀涂抹在脸上，避开眼、唇部；
② 10分钟后用温水洗净。

试用报告

这款面膜含有丰富的维生素C和柠檬酸，可以促进表皮下毛细血管的血液循环，同时还能杀灭肌肤滋生的细菌，保护肌肤不受环境侵蚀，使肌肤时刻保持清爽亮丽。

美颜妙方

如怕麻烦，直接使用新鲜橘皮，用内侧轻轻擦拭黑斑、雀斑患处，同样有良好效果。另外可将吃过的橘子皮洗净，切成细丝后晒干，加入茶叶中一起泡茶喝，可以理气开胃、醒脑提神，还能预防感冒呢！

绿茶橘皮面膜

抵抗皮肤氧化

适合肤质：中油性肤质。
美颜功效：紧致肌肤，促进脸部水分排除，改善肌肤浮肿。
制作费用：2元。

材料：

绿茶粉2大匙，鸡蛋1个，干燥橘皮粉1大匙。

做法：

① 以过滤勺将鸡蛋蛋黄与蛋清分离，取蛋清备用；
② 将绿茶粉及橘皮粉调入蛋清中，搅拌成糊状即可。

用法：

① 将调制好的面膜敷于脸上，避开眼部及唇部周围；
② 静待10～15分钟后，再用清水冲洗干净。每周可使用2～3次。

试用报告

绿茶是这几年保健品中非常热门的新成分，它含有丰富的多酚类，具有抗氧化的作用，能延缓肌肤衰老。此外，绿茶的多酚及茶碱成分还能促进血液及淋巴循环，防止肌肤浮肿，对紧致肌肤非常有效。这一款面膜中的橘子皮含有天然植物精油，能够促进肌肤血液循环，加速脸部水分排除，对于浮肿肌肤也具有很好的改善功效。如果没有现成的橘皮粉，可将新鲜橘皮放置通风处待其干燥后研磨成粉，或用橘子精油2滴代替，也可起到同样的效果哦！

美颜妙方

绿茶富含维生素C，具有很好的美白效果，还不会刺激皮肤，用来做面膜，可以使皮肤受到很好的呵护哦！比如：用1小匙绿茶粉和1个蛋黄、适量面粉混合调匀，就可以做成有紧肤作用的绿茶面膜。在刚洗完澡的时候敷上，紧致肌肤的效果就更好了！

蜂王浆珍珠薏仁粉面膜

为干燥肌肤保驾护航

适用肤质：干性肤质。
美颜功效：能使干燥的肌肤细腻、白嫩，防止肌肤因干燥引起的老化，可保湿。
制作费用：3元。

材料：

蜂王浆1大匙，珍珠粉少许，鸡蛋1个，薏仁粉1大匙。

做法：

① 鸡蛋打入小碗中；
② 加入蜂王浆、珍珠粉和薏仁粉，搅拌均匀。

用法：

① 用温水清洁脸部，然后取适量的面膜均匀地涂于脸上，避开眼部及唇部；
② 15分钟后用温水冲洗干净。

试用报告

这款自制面膜十分适合东方女性肤质的特点，能够滋养肌肤，改善晦暗肤色，具有很好的舒缓功效。干性肤质的MM不妨试试哦，能让肌肤变得水润水润。

美颜妙方

蜂王浆外敷时可以使皮肤柔润、光洁，食用可补益肝脏，使皮肤保持白嫩。临睡前彻底清洁皮肤，将0.3克珍珠粉与润肤水调和，轻拍于面上，可给肌肤提供充足养分。购买珍珠粉最好去中药店，因为市面上的许多珍珠粉其实是蚌壳粉，所以在信誉卓越的中药房购买，品质更有保障。

珍珠蛋清面膜

取悦自己的肌肤

适用肤质：任何肤质。
美颜功效：强效除斑，美白肌肤。
制作费用：2元。

材料：

珍珠粉1小匙，蛋清1个。

做法：

蛋清打泡后，取蛋液加入珍珠粉末调匀。

用法：

① 以面膜专用软毛刷涂抹于脸部，涂敷时避开眼、唇四周；
② 干燥后洗净，再依照一般的程序保养即可。

试用报告

珍珠自古以来就是贵妇常使用的美容品，因其内含多种氨基酸及微量元素，能够润泽皮肤。长期使用这款面膜可护肤养颜，促进伤口愈合，抗衰老，同时能祛除暗沉黑斑，悦颜增白。

美颜妙方

请药店的中医师帮助将海珍珠磨成细粉，用珍珠粉5克，加入捣成泥的银杏肉15克和蜂蜜15克，调成糊状，在脸上敷30分钟后洗去，可以养颜嫩肤，祛斑增白。

薏仁蛋黄鲜奶面膜

在清新中美白

适用肤质：各类肌肤均可。
美颜功效：能够很好地美白滋润肌肤，让肌肤柔软细腻更有光泽。
制作费用：2元。

材料：

薏仁粉1大匙，鸡蛋1个，纯鲜奶1大匙。

做法：

① 鸡蛋取蛋黄；
② 准备干净容器，将所有材料混合均匀搅拌。

用法：

① 清洁完脸部肌肤后，将调制好的面膜敷于脸上；
② 15分钟后再用沾湿的手指揉搓掉面膜，用温水将脸洗净。

试用报告

薏仁是一种很好的美容食品，它含有很丰富的类黄酮，能够防止黑色素的产生，因此有美白的功能。这款面膜不仅能够很好地滋养肌肤，美白效果也不错哦！

美颜妙方

将5克薏仁粉和20毫升脱脂牛奶混合后调匀，用面膜刷轻柔地涂在脸上（避开眼部周围），15分钟后洗净，不但会使肌肤细腻光滑，还有淡化色斑、美白肌肤的效果哦！

甘草洗米水面膜

敏感脆弱肤质的美白良方

适合肤质： 任何肤质，特别是敏感性肌肤。

美颜功效： 滋润美白皮肤，加强肌肤的抗过敏能力。

制作费用： 1元。

材料：

甘草粉2茶匙，洗米水100毫升。

做法：

① 将洗米水置于锅中加热煮沸，直至洗米水浓缩剩下一半甚至更少量；

② 将米浆调和甘草粉，搅拌成泥膏状即可。

用法：

① 洁面后，将调好的面膜均匀敷于脸上，避开眼、唇部周围；

② 静待10～15分钟，再用温水冲洗干净。

试用报告

甘草中的甘草酸胺具有很好的解毒功能，对肌肤有很好的抗炎舒缓功效，并能中和或解除肌肤的有毒物质，发挥美白护肤的功效。而洗米水中除了含有抗过敏的维生素B_1以及抗氧化的植物酸外，还含有肌肤的保湿因子，能防止肌肤遭受外界环境的伤害和刺激，非常适合脆弱敏感肌肤使用，许多知名保养品中也含有米的萃取液呢。制作时直接用煮稀饭的米浆代替洗米水，效果更好哦！

美颜妙方

将甘草粉1小匙、白芷粉1小匙、液体乳酪半盒和面粉适量混合后调匀，敷在脸上15分钟后用清水洗净，可以起到很好的清洁作用，还可以消炎、杀菌，祛除最讨厌的痘痘哦！

当归川芎鸡蛋面膜

抚平岁月的足迹

适合肤质：任何肤质。

美颜功效：滋润美白肌肤，抚平皱纹，延缓衰老。

制作费用：3元。

材料：

当归15克，川芎15克，蛋清1个。

做法：

① 当归和川芎研磨成粉末；

② 将粉末和蛋清搅拌均匀即可。

用法：

① 将面膜均匀地涂在脸上，避开眼、唇四周，用手掌均匀揉搓至吸收；

② 30分钟后用温水洗净即可。

试用报告

川芎是“香草”的一种，可令皮肤红润有弹性，柔滑有光泽；而且对微循环系统也有很好的调节作用，其水浸液对部分致病性皮肤真菌也有不错的抑制力呢！当归能补血。这款面膜将两种中药组合，可以淡化皱纹，让你看上去比同龄人青春靓丽哦！

美颜妙方

当归具有神奇的补血功效，用当归、红枣、生姜和鸡蛋（或鹌鹑蛋）煮成的当归补血汤，不但能快速补充元气，还可以使皮肤白里透红，焕发出令人羡慕的青春光彩哟！

黑豆艾叶面膜

恢复肌肤活力与光泽

适用肤质：除敏感性肌肤外均可使用。
美颜功效：润泽美白，让皮肤恢复光泽和活力，还能有效消除黑眼圈。
制作费用：2元。

材料：

黑豆1大匙，艾叶10克，袋泡红茶包1包。

做法：

① 将黑豆、艾叶研成细末，袋泡红茶用开水1杯泡开；
② 将黑豆粉、艾叶粉加上适量红茶水搅拌均匀即可。

用法：

① 充分洁面后将调制好的面膜敷在面部并避开发际、眉毛、眼眶；
② 敷20分钟后用温水将脸洗干净即可。

试用报告

黑豆含有调节人体激素水平的大豆异黄酮，对女性的皮肤弹性和光泽度等指标都有着明显改善作用。长期使用这款天然自制面膜，能帮助修复受损肌肤，让肌肤白皙透亮、水润凝滑。

美颜妙方

也可以将红茶包替换成其他茶包，如绿茶、茉莉花茶等，很多茶中含有抗衰老的成分，坚持使用，有助于减少脸部皱纹，令肌肤更光滑。

白茯苓蜂蜜面膜

驻颜消斑

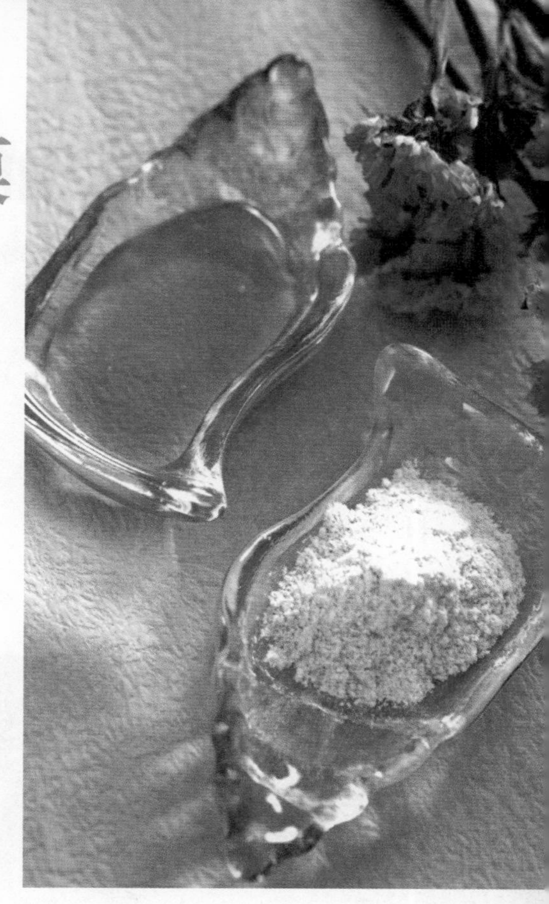

适合肤质：任何肤质，特别是有黄褐斑的肌肤。
美颜功效：去斑，减少黑色素沉积，增加皮肤光洁度。
制作费用：2元。

材料：

白茯苓15克，蜂蜜1大匙。

做法：

将白茯苓研末，以蜂蜜调和即可。

用法：

① 将面膜均匀涂抹在脸上，避开眼、唇四周，用手指由内到外打圈按摩；
② 15~20分钟后，以温水彻底清洗。

试用报告

白茯苓一向被认为是美容上品，能美白及改善肤色晦暗及黄褐斑。而蜂蜜对皮肤的好处早已人所共知，古希腊人认为蜂蜜是“天赐的礼物”。这两者混合调和使用，祛斑美容效果更明显。坚持使用这款面膜1周以上就能明显感觉到面部洁白细腻，自然红润，富有光泽，皱纹减少呢！

美颜妙方

白茯苓、白芍、白术加上甘草，用清水煎成汤，就成了可以补益气血、调和五脏的“三白汤”，不但可以调理身体，还有美白、祛斑的作用哦！如果觉得煎汤太麻烦，还可以到中药房买来白术150克、白芍150克、白茯苓150克、甘草75克，分别研成比较粗的粉末，混合均匀后分成30份，装到干净的小布包里，每天取1包，用沸水冲开当茶喝，效果也不错哦！

白芷粉鲜奶面膜

双重高效美白

适用肤质：除敏感性肌肤外均可使用。
美颜功效：美白滋润肌肤，并让面色红润，改善黑头粉刺。
制作费用：2元。

材料：

白芷粉末1大匙，鲜奶1大匙。

做法：

将材料混合搅拌均匀即可。

用法：

① 将面膜均匀涂抹在脸上，并轻轻按摩；
② 20分钟后用温水洗净即可。

试用报告

白芷兼具美白、防晒效果，是常见的美白外敷药材，其富含的精油成分，具有很好的抗菌及促进血液循环的作用，有让面色红润并改善黑头粉刺的功效。而牛奶兼具的美白滋润功效能使这个面膜的美白魅力升级哦！不过白芷较为辛辣，对肌肤有些刺激，敏感性肌肤的MM要慎用。

美颜妙方

取白芷6克研成细末，放到1个干净的小碗里，加入蛋黄1个拌匀，再加入蜂蜜1大匙和新鲜的黄瓜汁1小匙，调匀后敷到脸上，20分钟后用清水冲洗干净，再用化妆棉蘸上少许橄榄油在脸上敷5分钟，最后用热毛巾敷5分钟左右，用温水洗净，可以起到改善脸部血液循环，淡化色斑的作用，还有很不错的美白效果。

绿豆粉蛋清面膜

让肌肤细致清新

适合肤质： 油性肤质。
美颜功效： 洁净肌肤、收敛毛孔，改善青春痘及暗疮。
制作费用： 2元。

材料：

绿豆粉1大匙，鸡蛋1个，纯净水50毫升。

做法：

① 鸡蛋以过滤勺将蛋黄与蛋清分离，取蛋清备用；
② 将绿豆粉放入蛋清中，加纯净水搅拌均匀即可。

用法：

① 洁面后，将调制好的面膜敷于脸上；
② 静待15分钟后，用温水将脸洗净。

试用报告

此面膜有很好的控油和清洁功效，能有效地清除肌肤上的污垢，并且还有补水以及帮助肌肤排毒的作用。

美颜妙方

也可以在这款面膜材料中加入薄荷精油1滴，功效更显著。

白术食醋面膜

摆脱讨厌的色斑

适合肤质：任何肤质，敏感性皮肤慎用。
美颜功效：淡化色斑，美白肌肤。
制作费用：2元。

材料：

白术10片，食醋5大匙。

做法：

① 在白术中加入食醋，放入锅中以小火煎煮5分钟；
② 滤取汁液，放凉即可。

用法：

① 以汁液敷于脸部；
② 用洗净的手轻轻按摩，促进吸收，30分钟后洗净即可。

试用报告

白术是传统的润泽皮肤的中药，白术食醋面膜能够淡化、消除色斑，让你尽早下“斑”。另外，白醋对皮肤的刺激比较强烈，所以最好选用比较温和的食醋哦。肌肤敏感的MM还可以在食醋里兑入少量的清水，长期坚持的话，就能彻底脱离讨厌的斑斑了。

美颜妙方

将白术、白芷、白芨、白蔹、白茯苓、白芍、珍珠分别磨成细粉，按 1:1:1:1:1:1:1 的比例混合，加入适量蒸馏水、清水、酸奶或牛奶（偏油性加酸奶，偏干性加牛奶）调成糊状，在脸上敷20～30分钟后洗去，可以收到立竿见影的淡斑、祛痘的效果哦！这就是在古代被视为宫廷女子“不传之秘”的七子白面膜，对皮肤发黄、发黑，脸上有色斑、痘痘、粉刺等问题的皮肤有很好的治疗效果哦！

甘油薏仁玉米粉面膜

扫除肌肤的暗沉污垢

适用肤质：油性肤质。

美颜功效：能去除肌肤中的暗沉污垢，增加肌肤的透明感，淡化黑色素，使肌肤白皙粉嫩。

制作费用：3元。

材料：

薏仁粉1大匙，玉米粉2大匙，蒸馏水半杯，甘油3滴。

做法：

① 薏仁粉、玉米粉混合；

② 加入蒸馏水和甘油，并搅拌至膏状。

用法：

① 面膜涂在脸上，用指腹以打圈方式由里至外按摩，切记不能用力揉搓；

② 15～20分钟后用清水洗净。

试用报告

甘油保湿功效特佳，而且有很好的润滑作用。薏仁粉因为含有丰富的蛋白质，可以软化皮肤角质，使皮肤光滑，还能加快肌肤的新陈代谢，有效地预防肌肤干燥，是爱美MM们保湿和美白的“圣品”。玉米粉有消炎及促进血液循环的作用。三者结合起来，可以使肌肤白皙而水嫩晶莹。此面膜不仅可用于脸上，还可用于颈部、肩膀、胸口等部位，同样有效。

美颜妙方

将甘油与蜂蜜各1小匙、面粉1大匙和纯净水适量混合后调匀，敷在脸上，15～20分钟后洗去，可以给肌肤补充丰富的营养和水分，特别适合干燥的皮肤。

“膜”法达人

Question & Answer

中草药面膜有哪些禁忌症?

心脏病患者、呼吸道感染患者、化脓性感染患者、传染病患者、面部有急性炎症的人、皮肤表面有伤口的人都不适合用中草药面膜进行保养。

有些中药需要磨成粉才能用来调制面膜。那么，到底该磨成多细的粉才能达到做面膜的要求呢?

越细越好。粉磨得越细，才会有更多的有效成分溶解在牛奶、蛋液或其他精华液中，被皮肤吸收利用。衡量中药粉颗粒粗细的单位是“目”，目数越大说明颗粒越细。用来调制面膜的中药粉，最低目数应该在120～150之间。如果是自己磨的话，磨到用手摸起来感觉和米糊粉差不多粗细，就足够了。

中药面膜能用爽肤水来调吗?

最好不要。因为爽肤水中含有很多种化学物质，很可能和中药里的某些成分起化学反应，影响功效是小事，如果生成某些对皮肤有损害作用的物质，造成的损失就严重了。中药面膜一般要用牛奶、蜂蜜、冷开水等性质温和的液体来调和，最好不要用爽肤水来调。

用中药粉做面膜需要涂营养霜吗?

需要。一般来说，用粉末状的中药做面膜之前，都要适当地涂一些营养霜或治疗性（针对某些特别的皮肤问题）霜剂，使面膜干燥后容易揭除。这样做还有一个好处，就是可以增加面膜的护肤功效。

Part 4

花草植物面膜

汲取大自然的清新魅力

花草美颜榜

玫瑰

玫瑰能增强肌肤的免疫机能和保湿能力，增强皮肤中弹力纤维、胶原纤维的活性，分解黑色素，滋润、活化干燥和暗沉的皮肤，还能祛除皱纹，是公认的“美容大王”。如果放在冰箱里冷冻后使用，还有收缩毛孔的功效。干性、敏感性、容易老化的皮肤，特别适合用玫瑰进行保养哦！

荷花

荷花性温，味甘、苦，可以消暑宁神、化瘀止血，有驻颜轻身、美白祛斑的养颜功效。每年当荷花盛开的时候采集一些洁净的花瓣晾干，切成碎末，和10倍重量的糯米及少量冰糖一起煮粥，有清心悦色的功效，是不可多得的美容药膳。将晾干的荷花和李花、梨花、樱桃花、蜀黍花一起研末，用来洗脸，也可以起到很好的美白作用。

玉米须

大多数人买玉米回来后都会将玉米须扔掉，其实挺可惜的。玉米须是玉米的花柱和柱头，性味甘淡而平，有利尿消肿、平肝利胆的功能。用玉米须制成的天然面膜，具有消炎、排出多余水分和毒素、促进肌肤排水消肿的美颜功效呢！

野菊花

野菊花是中草药中的“广谱抗生素”，对多数皮肤真菌、金黄色葡萄球菌、痢疾杆菌、绿脓杆菌和流感病毒等均有较强的抑制作用，还可以平衡油脂分泌，舒缓肌肤，很适合长痘痘的人使用。

菊花

菊花有清肝明目、抗菌消炎之功，久服可以增强皮肤毛细血管的韧性和弹性，预防皱纹的产生，是护肤美容的上品。

百合花

百合花素有“云裳仙子”之称，具有较高的营养成分。它能起到滋养和净白肌肤、补充肌肤氧气、改善阻塞的毛孔、促进肌肤新陈代谢、紧实肌肤、淡化细纹的美颜功效，令肌肤充满淡淡的百合清香。

玫瑰水胶原面膜

改善皮肤天然保湿系统

适合肤质：任何肤质。
美颜功效：补充肌肤水分，使肌肤水嫩白皙。
制作费用：3元。

材料：

干玫瑰花1大匙，胶原面膜纸1张，纯净水100毫升。

做法：

① 纯净水煮沸，冲泡玫瑰花茶；
② 5～10分钟后，滤出待凉备用。

用法：

① 将胶原面膜纸覆盖在脸上，用化妆棉蘸玫瑰水一片片湿敷；
② 全脸湿润后，敷上一层保鲜膜加强效果；
③ 敷面20分钟后，揭掉面膜纸，用手轻拍脸部促进吸收。

试用报告

玫瑰可以预防黑色素的产生，并具有补水润肤的功效。脸色偏黄和长期熬夜的MM不妨试试这款面膜，玫瑰特有的清香还会令你在美丽的同时收获愉悦的心情呢！

美颜妙方

取3～5克玫瑰花蕾（干）和自己喜欢的茶叶一起用沸水冲成玫瑰花茶，不但气味芳香，还有理气和血、舒肝解郁、降脂减肥、润肤养颜的作用，且可以调节月经，减轻气血运行不畅引起的痛经。

玫瑰桃仁面膜

褪去阳光的痕迹

适合肤质：任何肤质。
美颜功效：淡化色斑，促使气色红润。
制作费用：3元。

材料：

玫瑰花1大匙，核桃仁10克，纯净水50毫升。

做法：

① 将核桃仁和玫瑰花分别研成粉末状；
② 将这两种粉末与纯净水充分搅拌均匀。

用法：

① 洁面后，均匀地涂在脸上，避开眼、唇部位；
② 静置20分钟后，用温水清洗干净。

试用报告

玫瑰具有活血作用，能够有效抑制黑色素产生；核桃仁含有丰富的维生素E，不仅帮助肌肤抗氧化，还能减少紫外线的伤害。这款面膜可用于晒后修复，具有很好的美颜淡斑疗效。制作时用玫瑰精油代替花瓣也具有同样的效果哦！

美颜妙方

取10朵含苞待放或半开的玫瑰花洗净，放到500毫升白醋中浸泡一周，每次取15毫升浸泡好的醋液，加50毫升清水擦洗脸、颈部，可以促进皮肤血液循环和皮肤细胞的新陈代谢，使皮肤细嫩洁白；还可以祛除色素斑，对青春痘、扁平疣也有一定的疗效哦！

荷花绿豆雪梨西瓜皮面膜

淡斑祛皱除暗疮

适合肤质： 任何肤质，特别是有黑斑和暗疮的问题皮肤。
美颜功效： 淡化色斑。
制作费用： 3元。

材料：

荷花1朵，绿豆粉2大匙，雪梨半个，西瓜皮1小块。

做法：

① 西瓜皮去掉绿色部分，切块；雪梨削皮洗净；荷花洗净打碎成泥；
② 将上述材料加入果汁机中打碎；
③ 在荷花泥中加入绿豆粉，充分搅成糊状即可。

用法：

① 将面膜均匀涂抹在脸上，并轻轻按摩；
② 20分钟后用温水洗净即可。

试用报告

荷花是褪斑能手，而雪梨和西瓜皮可带给皮肤清凉的感觉，绿豆可清热解毒，所以这款面膜有很好的祛斑作用，特别适合暗疮皮肤。要记住，色斑不是一天就可以消除的，长期坚持使用才会有效果哦！

美颜妙方

荷花可以清心、益气、明目、养颜，具有很好的养生功效。南朝著名医药学家陶弘景在他的著作《太清草木方集要》里就记载了一个用荷花养生美容的方法：将荷花、藕、莲子阴干，一起研成末，每天用温酒送服，可以驻颜延年，永葆青春。

荷叶面膜

排毒消肿瘦脸又补水

适合肤质：任何肤质。
美颜功效：紧实肌肤，改善脸部的臃肿。
制作费用：3元。

材料：

干荷叶半张，面粉3大匙，清水100毫升。

做法：

① 将荷叶撕碎放在小锅中，加水熬至汁液浓稠，去渣取汁；
② 将面粉加入荷叶汁中，搅拌均匀即可。

用法：

① 先用温水清洗脸部，将面膜均匀涂在脸上，避开眼睛四周、嘴唇及眉毛处；
② 从鼻翼两边向太阳穴方向轻轻按摩；
③ 20分钟后，用温水洗净即可。每周做1～2次。

试用报告

荷叶汁中含有的单宁酸和类黄酮素能发挥紧肤作用，有促进淋巴循环和排除毒素、消除面部浮肿的功效。这款面膜不仅瘦脸还超级补水哦，坚持用下来，皮肤会变得紧致又水嫩。如果再配合按摩的话，一两个月就可以变成小脸美人了。

美颜妙方

如果在当季，用新鲜荷叶榨汁效果更好，也可以将面粉改成薏仁粉，混合后敷脸，可以帮助皮肤排出毒素，使皮肤光滑、紧致，还有一定的美白功效。

薏米粉百合蜂蜜面膜

变身白雪美人

适合肤质：油性肌肤。
美颜功效：具有很好的清热解毒功能，能滋润肌肤、消除雀斑。
制作费用：3元。

材料：

薏米粉2大匙，百合花1朵，蜂蜜1小匙，纯净水3大匙。

做法：

① 将百合花撕碎，放在纯净水中熬出汁液；
② 加入薏米粉和蜂蜜搅拌均匀即可。

用法：

① 洁面后，用面膜刷将本款面膜涂抹在脸上；
② 约15分钟后，用清水洗净即可。

试用报告

从中医角度看，雀斑、暗疮皆与热邪有关，故此将百合花、薏米两种具有清热解毒作用的材料合用，能帮助肌肤消除毒素。坚持使用这款面膜，能让肌肤幼滑细腻，效果更佳。

美颜妙方

不少女明星的美肤秘方就是直接将乳状的蜂蜜薄薄地涂一层在脸上，约10分钟后再用清水洗去。经常使用，能保持肌肤年轻细嫩。

菊花蛋清面膜

美白兼除细纹

适合肤质：任何肤质。
美颜功效：美白肌肤、消除细纹。
制作费用：2元。

材料：

新鲜菊花5朵，鸡蛋1个。

做法：

① 菊花洗净后捣烂；
② 鸡蛋磕破，滤出蛋清，与捣烂的菊花混合均匀。

用法：

① 将面膜均匀涂抹在脸上，避开眼、唇四周，用手指由内到外打圈按摩；
② 5～10分钟后，用冷水冲洗干净。

试用报告

这款面膜可以有效地抑制黑色素的产生，达到很好的美白功效，还可以柔化表皮细胞，镇静和舒缓肌肤，使皮肤富有生机和活力哦！

美颜妙方

菊花富含蛋白质、维生素和各种矿物质，有很高的营养价值。可以用来泡茶喝，还能用来煲汤，食疗也可达到美颜的效果。

野菊花柠檬面膜

实现柔嫩肌肤的梦想

适合肤质：油性皮肤，特别适合易长粉刺的皮肤。
美颜功效：排出皮肤毒素，促进水油平衡。
制作费用：2元。

材料：

野菊花20克，柠檬半个。

做法：

① 野菊花洗净，加水用小火煎5分钟取野菊花汁液备用；
② 柠檬榨汁，加入野菊花汁中搅拌均匀即可；
③ 放入冰箱冰镇备用。

用法：

① 用面膜纸沾取面膜液，敷于脸上；
② 静置10~15分钟，再将面膜取下，用手轻拍脸部促进吸收。

试用报告

野菊花中含有丰富的香精油和菊色素，能够有效地抑制皮肤黑色素的产生，并能柔化表皮细胞，去除皮肤的皱纹，使面部皮肤白嫩。这款面膜兼具柠檬的清爽去油的功效，长期使用能清除毛孔中的污垢与杂质，迅速排除油脂，平衡肌肤，控制痤疮症状。

美颜妙方

野菊花馨香沁脾，用来泡茶喝，还可以疏风清热，滋阴防燥哦！

干菊花玉米须面膜

轻松消除脸部浮肿

适合肤质：任何肤质，特别是浮肿松弛的肌肤。

美颜功效：紧肤、排水，可防止肌肤发炎浮肿。

制作费用：2元。

材料：

干燥玉米须1大匙，干燥菊花2大匙，水100毫升。

做法：

① 将玉米须及干燥菊花浸于水中用小火煎煮约2分钟，取汁；

② 将面膜汁放入冰箱冷藏，待冰凉之后备用。

用法：

① 用面膜纸蘸取自冰箱取出的玉米须菊花萃取液，敷于脸上；

② 静置10～15分钟，再将面膜取下即可。可以天天使用。

试用报告

菊花中的类黄酮素具有抗氧化的功效，能够消炎，促使皮肤排除多余的水分和废物，同时具有预防肌肤老化的效果；而常常被人忽略的玉米须也能很好地发挥排水、消肿的作用哦！剩下的汁液还可以作肌肤过敏时的消炎化妆水使用呢。

美颜妙方

菊花性微寒，有清肝明目、祛毒散火的健康功效，长期食用可以瘦身养颜。

菊花西红柿面膜

抵抗肌肤氧化

适用肤质：任何肤质。
美颜功效：深层清洁肌肤，去除老化角质，减少黑色素沉积。
制作费用：3元。

材料：

小西红柿3～5个，干菊花10朵，脱脂奶粉2大匙，沸水适量。

做法：

① 将菊花泡在沸水中约3分钟后，用无菌滤布将残渣滤去，留取菊花水；
② 将小西红柿洗净，捣成泥状，与脱脂奶粉一同放入菊花水中，调匀。

用法：

① 洁面后，将本款面膜均匀涂于脸部，再盖上面膜纸，以防滴漏；
② 约15分钟后，用清水彻底洗净即可。

试用报告

饱满多汁的小西红柿对皮肤非常有益，它含有丰富的维生素、矿物质、抗氧化物及微量元素，具有抗氧化及净化肌肤的功效。小西红柿与脱脂奶粉搭配使用，可增强清洁功效，去除老化角质。

美颜妙方

将菊花捣烂，加上适量蛋清一起拌匀敷面，既能为皮肤补充水分和营养，又可以起到美白的效果。

“膜”法达人

Question & Answer

用玫瑰做面膜需要注意什么?

一般花店卖的玫瑰花大部分有很多残留的农药，不适合用来做面膜。最方便实惠的办法，是把玫瑰花茶中的干燥玫瑰浸泡后使用，可以起到很不错的美肤效果。

敷完面膜以后需要涂护肤霜吗?

面膜对皮肤的护理主要集中在去除死皮和补充皮肤深层营养方面，对皮肤表面的水分锁定作用不大。如果只敷面膜不涂护肤霜，皮肤表面的水分不能被保持，营养还是很容易流失。因此，即使刚敷完面膜，也要涂一些护肤品。

Part 5

芳香精油面膜

让美丽在芬芳中释放

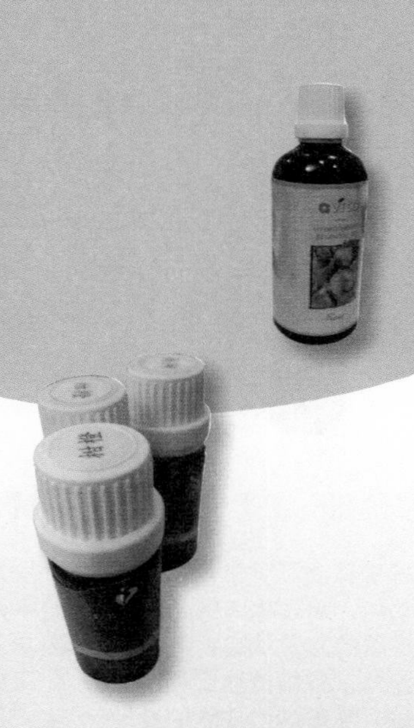

精油美颜榜

柑橘精油

柑橘精油中含有大量的维生素C成分，具有较强的抗老化功效，可以使皮肤变得白皙、水嫩、光滑、细腻。但是柑橘精油的感光性比较强，一般只能在夜晚使用，白天用的话会加速皮肤对紫外线的吸收，使皮肤变黑。

玫瑰精油

玫瑰精油可以在短时间内使油性、干性、混合性的皮肤恢复到中性状态，使皮肤更加细腻、光滑和有弹性，尤其适用于干燥、硬化、红肿和发炎的皮肤。它还有收缩微血管的作用，是治疗小静脉破裂引起的皮肤紫红的神奇法宝。

甜杏仁油

甜杏仁油有非常好的亲肤性，还含有丰富的维生素A、维生素B_1、维生素B_2、维生素B_6、维生素E、蛋白质、脂肪酸等营养素，可以滋润、软化皮肤，适合干燥、敏感性的皮肤和有粉刺的皮肤。购买甜杏仁油时，一定要注意不要把甜杏仁油和苦杏仁油搞混了。因为苦杏仁油有毒，不能使用。

柠檬精油

柠檬精油可以强化肝脏的排毒功能，清理体内的毒素，改善皮肤的暗沉状态，美白肌肤。此外，柠檬精油还可以淡化色斑，平衡油性皮肤的皮脂分泌，可治疗青春痘，对鸡眼、疣、瘤等皮肤凸起也有很好的治疗作用哦！

薰衣草精油

薰衣草精油的主要特性是平衡与回复，还有很好的杀菌功效。它可以安抚皮肤、淡化斑痕，平衡皮脂腺的油脂分泌，是最适合预防和治疗青春痘的精油之一。

茉莉精油

被称为“精油之王”，是女性的最佳精油之一。它具有放松和温暖的特性，能够调理干燥及敏感肌肤，淡化妊娠纹与疤痕，增加皮肤弹性。最适合皮肤干燥、敏感及燥热的人使用。

燕麦橙花玫瑰精油面膜

唤醒肌肤活力

适用肤质：干燥老化肤质。
美颜功效：舒缓肌肤压力，深层滋养肌肤，延缓肌肤老化。
制作费用：5元。

材料：

橙花精油2滴（已经稀释基础底油），玫瑰精油2滴（已经稀释基础底油），甘油半大匙，燕麦1大匙，矿泉水适量。

做法：

① 将燕麦研磨成粉；
② 将所有材料充分混合，搅拌成糊状即可。

用法：

① 用温水清洁脸部肌肤，然后将调好的面膜均匀地涂在脸上；
② 静置15分钟，然后用温水将脸洗净。

试用报告

橙花精油最大的功效就在于可以增强皮肤细胞的活力，使皮肤增加弹性，还有美白、保湿、淡斑的作用，很适合干性、敏感性及有其他问题的皮肤使用。玫瑰精油则能有效地延缓肌肤衰老，抑制皱纹产生，是非常优秀的美容护肤精油。

美颜妙方

将玫瑰精油2滴、橙花精油1滴、茉莉精油1滴滴到一个干净的小碗里，慢慢地搅拌均匀，然后加入橄榄油2小匙，使它与精油充分混合，用化妆棉蘸着轻轻地涂在脸上，用指腹以打圈的方式自下而上地按摩3～5分钟，再用清水洗净，可以为皮肤补充足够的水分，使肌肤变得柔滑细嫩哦！

木瓜绿豆柑橘精油面膜

净白亮彩

适用肤质：任何肤质。
美颜功效：使皮肤白皙细腻，面色红润。
制作费用：5元。

材料：

木瓜1小片，柑橘精油1滴，绿豆粉1大匙，纯净水50毫升。

做法：

① 木瓜洗净，去皮去籽，削成小块加纯净水榨汁；
② 在绿豆粉中加入木瓜汁，搅拌均匀；
③ 滴入柑橘精油，再次调匀即可。

用法：

① 避开眼、眉、唇部，将面膜均匀地涂在脸上；
② 敷15分钟，待面膜干燥，然后用温水冲洗干净即可。

试用报告

木瓜中含丰富的维生素，可促进肌肤新陈代谢，给肌肤补充水分，使肌肤变得光洁白皙、柔嫩细腻；柑橘精油中含有的矿物质“硒”更是抗氧化美肤的佳品，可有效防晒美白，加上温和去角质的绿豆粉，具有亮彩肌肤的功效。不过，这款面膜中含有的柑橘精油不太适合孕妇和某些高血压患者，姐妹们可要注意了。

美颜妙方

柑橘精油可以刺激肠胃的蠕动，帮助排气和排便，还能调和肠胃，增加食欲。肠胃有问题的时候，用柑橘精油进行按摩或熏香，可以很快让自己的情况变得好起来哦！

绿豆薰衣草精油面膜

深层清洁肌肤

适用肤质：油性肤质，尤其适用于长面疱的肌肤。

美颜功效：有很好的消炎作用，能预防面疱，还可深层清洁肌肤。

制作费用：5元。

材料：

蛋清1个，绿豆粉1大匙，薰衣草精油2滴。

做法：

① 将蛋清和绿豆粉充分搅拌成浓稠状；
② 最后滴入薰衣草精油搅拌均匀即可。

用法：

取调好的面膜均匀地敷在脸上，避开眼、唇周围，静置15分钟后以温水洗净。

试用报告

绿豆粉要买颜色是淡绿色的，这才能说明它是用带壳的绿豆磨出来的绿豆粉，排毒消肿的效果也会跟着上个台阶哦！薰衣草精油有很多种类，如大薰衣草精油和小薰衣草精油之类。其实种类并不重要，只要是自己喜欢的香味和可以接受的价钱，选择哪一款都OK啦！这款面膜的排毒消肿功能会很好，只是敏感性肌肤的MM要慎用哦！

美颜妙方

将西红柿半个榨汁，和薰衣草精油1滴混合，再加入鸡蛋清1个、蜂蜜1小匙和玉米粉1小匙，调匀后敷在脸上，15分钟后取掉，用清水将脸洗净。此方可以收敛毛孔、紧致肌肤，很适合有点偏油性的混合性皮肤使用哦！

蛋清玫瑰精油面膜

去除面部死皮

适用肤质：中性、油性肤质。
美颜功效：去除面部死皮，对中性和油性皮肤均具有滋养作用。
制作费用：5元。

材料：

鸡蛋1个，玫瑰精油3滴。

做法：

① 用过滤勺分离蛋黄和蛋清；
② 在蛋清中滴入玫瑰精油并搅拌均匀。

用法：

① 用温水清洁脸部肌肤，然后将面膜涂在面部；
② 大约15分钟后用温水洗净。

试用报告

干性肌肤者可以使用蛋黄，因为蛋黄的滋润性强；而油性肌肤者适宜使用清透性质强的材料，以蛋清为佳。这款面膜能软化角质细胞，增强皮肤张力，舒展细碎皱纹，有很好的补充水分作用。

美颜妙方

将玫瑰精油2滴和当归粉、白芷粉、绿豆粉、淮山粉、白芨粉、杏仁粉各1小匙混合，再加入适量玫瑰花水调成糊状，用面膜刷均匀地刷在脸上，20分钟后洗净。此方可以滋润、美白、紧致肌肤，使皮肤变得红润、白皙、光滑、细嫩。

玫瑰杏仁精油面膜

将保湿与抗皱进行到底

适用肤质：油性肤质。

美颜功效：柔软肤质，保湿与抗皱，有效调理肤质老化及干性肌肤，活化肌肤。

制作费用：5元。

材料：

玫瑰精油3滴，甜杏仁油10滴，纯净水适量。

做法：

① 将一半纯净水灌入玻璃瓶，滴入甜杏仁油和玫瑰精油。

② 再将剩下的水灌满瓶子，摇匀。

用法：

① 清洁完脸部后，将精油水膜均匀地涂抹在脸部，充分按摩脸部，注意避开眼、唇部肌肤。

② 静置15分钟后用温水洗净，或用面纸拭去脸部多余的油脂，即可拥有长时间的保湿效果。

试用报告

甜杏仁油性质温和，具有神奇的滋养和保湿功效，对干燥、红肿、瘙痒、发炎及缺乏光泽的肌肤具有极佳的保养功效。玫瑰精油具有调理肤质、保湿、抗敏感、消除黑眼圈和防老抗皱的神奇功效，被人们称赞为“精油中的皇后”。这款面膜综合了甜杏仁油和玫瑰精油的优点，保养和滋润皮肤的效果极佳。

美颜妙方

甜杏仁油不但可以外用，还可以内服。食用杏仁油可以对内分泌系统的脑下垂体、胸腺和肾上腺进行调节和平衡，有助于促进细胞更新，增强身体素质。

蜂蜜茉莉精油面膜

超强补水

适用肤质：中性肤质。
美颜功效：促进血液循环，加以按摩后，可令肌肤光滑柔嫩，迅速吸收并锁住水分。
制作费用：5元。

材料：

茉莉精油3滴，橄榄油2大匙，蜂蜜2大匙。

做法：

① 将茉莉精油和蜂蜜一起加入玻璃器皿或碗中，用搅拌棒或筷子轻轻划动，使精油和蜂蜜慢慢混合；
② 最后加入橄榄油，搅拌均匀充分混和即可。

用法：

① 将脸清洗干净；
② 将面膜涂脸上，用指腹以打圈的方式由下往上按摩3～5分钟，也可用掌心来按压或揉搓；
③ 15分钟后用清水清洗脸部。

试用报告

茉莉精油加上蜂蜜，具有超强的补水功效。这款面膜可以调理干燥及敏感性的肌肤，淡化妊娠纹和疤痕，使皮肤增加弹性，还有非常好的延缓皮肤衰老的效果。

美颜妙方

茉莉精油对生殖系统有很好的调理作用，是女性的最佳精油之一。它可以温暖子宫和卵巢，舒缓子宫痉挛，改善经前症候群，预防和减轻痛经。茉莉清香迷人的气味还有助于使人产生浪漫的感觉，抚慰低落、忧郁的情绪，增强人的自信心。

燕麦柠檬精油面膜

让肌肤不再暗沉

适用肤质：各类肤质，尤其适合于老化暗沉肤质。
美颜功效：美白肌肤，使肌肤亮丽零负担，不易老化。
制作费用：5元。

材料：

柠檬精油2滴，燕麦粉1大匙，甘油半大匙，矿泉水适量。

做法：

① 将燕麦粉、甘油及水放入碗中调成糊状；
② 最后滴入柠檬精油即可。

用法：

① 将做好的面膜均匀地敷在脸上，注意避开眼、唇部；
② 静置15分钟后用温水洗净。

试用报告

柠檬精油富含维生素C，特别有助美白。此外，它还有收敛、平衡油脂分泌，治疗青春痘等油性皮肤症状的功效。燕麦粉中含有很多营养成分，又属于纯天然的物质，用来敷脸安全性很高，对皮肤也有好处。燕麦粉里含有丰富的营养物质和植物纤维，能对皮肤起到很好的滋润、调理、美白作用。再加上柠檬精油淡斑、收敛、提亮肤色的美肤功效，和暗淡的皮肤说byebye的日子马上就离你不远了！

美颜妙方

柠檬精油可以促进血液循环，恢复红血球的活力，减轻贫血症状，是人体循环系统的绝佳补药。此外，它还可以刺激白血球的生成，帮助伤口愈合，并具有提高身体对传染性疾病的抵抗力，改善消化系统功能，治疗胃病、胃溃疡等消化系统疾病，预防感冒、发烧，促进消化，预防蚊虫叮咬、牙龈发炎和口腔溃疡的作用。

“膜”法达人

question & Answer

用精油做面膜有什么剂量上的要求？

精油的使用量也必须严格控制。用于脸部护理时，单方精油的使用量不得超过基础油用量的1%。也就是说，精油必须稀释到1%以下的浓度才可以用来做面膜。一般来说，精油的一次使用量是1~3滴，最多不能超过5滴。

用精油做面膜怎么预防过敏？

最常用的办法是在开始使用某一种精油之前，先取少量浓度很低的稀释精油涂在皮肤上做个测试。精油的稀释比例一般为1%，也就是说，将1滴精油用1茶匙基底油（橄榄油、甜杏仁油等）进行稀释。把稀释好的精油涂抹在耳后、手腕内侧或手肘弯曲处的皮肤上，让它在皮肤上停留24小时。如果在这段时间里，皮肤不出现红肿、刺痛等过敏现象，就说明自己可以接受这种精油。

什么样的精油使用后不能晒太阳？

柑橘类精油有很强的感光特征，和阳光接触后会产生有毒物质，使皮肤过敏，并容易被晒黑和出现色斑。所以，在使用佛手柑、柠檬、甜橙、葡萄柚、柑橘、苦橙叶、莱姆等柑橘类精油后的4小时内，应该避免使皮肤直接暴露在阳光下，以免皮肤受到损害。

Part 6

创意合成面膜

新奇、独特的“膜”法之旅

创意美颜榜

酸奶

酸奶中含有丰富的维生素A、胡萝卜素、B族维生素和维生素E等营养物质，能很好地阻止人体细胞内不饱和脂肪酸的氧化和分解，防止皮肤干燥，使皮肤柔嫩、细腻、富有弹性和光泽。

洗米水

洗米水出众的美肤功效，完全在于大米中可溶于水的B族维生素和矿物质。这些成分使洗米水的润肤效果特别好。敏感性皮肤的人用洗米水来洗脸，还可以温和地洗去肌肤中的污垢，而且不会刺激到皮肤哦！

花粉

花粉含有丰富的蛋白质、人体必需的多种氨基酸、胡萝卜素、维生素A、维生素C、维生素E、磷脂、铁及核酸等护肤成分，不但能为皮肤提供丰富的营养，还能增加皮肤的活力，使皮肤柔嫩、光滑、有弹性。

甘油

甘油具有很强的吸湿性，搽在皮肤上可以形成一层薄膜，隔绝空气，防止皮肤中的水分蒸发，还能从空气里吸收一部分水分，使皮肤保持柔软。但是需要注意的是，正是因为甘油的吸水性很强，不但能从空气里吸收水分，还能吸走皮肤表面的水分，所以，不能把纯甘油直接搽在皮肤上，而是要按1:1的比例用干净的凉开水稀释了再用。

橄榄油

橄榄油含有丰富的不饱和脂肪酸和维生素A、维生素D、维生素E、维生素F、维生素K等多种维生素，能轻易地被皮肤吸收，起到美白、保湿、抗氧化、防敏感、防紫外线、抑菌等护肤作用。尤其是在干燥的秋冬季节，橄榄油的预防皮肤干燥、去除眼角皱纹、光洁皮肤的效果更是没得说哦！

鱼肝油

鱼肝油是天然抗氧化剂，它可以清除皱纹和皮肤老化在体内的源头——自由基，修复自由基对皮肤产生的伤害，从根本上阻止皱纹的产生。有的人在冬天容易出现皮肤干裂的现象，如果在入睡前把干裂的地方用温水泡软，取3粒鱼肝油丸，挤出油液涂在干裂的地方，就可以很好地解决这个问题。

酸奶柠檬维E面膜

美白控油双重收获

适用肤质：混合性或油性肤质，敏感性皮肤慎用。
美颜功效：滋润白皙肌肤，促进皮肤的水油平衡。
制作费用：3元。

材料：

酸奶半杯，柠檬1片，蜂蜜2大匙，维生素E胶囊2粒。

做法：

① 柠檬挤汁备用；
② 将酸奶、柠檬汁、蜂蜜放入器皿中搅拌成糊状；
③ 将维生素E胶囊剥开，把油脂倒入糊状物中继续搅拌即可。

用法：

① 将调好的面膜均匀、轻柔地涂抹在脸部；
② 静敷15～20分钟后，用清水洗净。

试用报告

柠檬含丰富维生素C，这款面膜不但具有很强的保湿力，充分滋润肌肤表层，还有白嫩肌肤、促进新细胞再生的效用，散发淡淡的清新果香。柠檬清爽的效果还能收敛毛孔和有效控油，不过肌肤敏感的人还是不要随便用，以免刺激肌肤。

美颜妙方

将草莓4颗（去掉果蒂）洗净榨汁，过滤掉渣滓，加入1小匙面粉、1小匙蜂蜜和少许酸奶调匀，在脸上敷15分钟后洗去，可以帮助你祛除脸上讨厌的痘痘哦！

维生素E蜂蜜面膜

平衡脸部油脂分泌

适用肤质：混合性肤质。

美颜功效：收缩细致毛孔，改善混合性肌肤毛孔粗大、易出粉刺的状况，平衡肌肤，控制出油。

制作费用：3元。

材料：

维生素E口服胶囊1粒，蜂蜜1大匙，柠檬汁1小匙，燕麦粉1小匙。

做法：

① 将维生素E口服胶囊剪破，挤出里面的油脂；

② 加入燕麦粉、蜂蜜、柠檬汁，搅拌成泥状即可。

用法：

① 用温水清洁脸部肌肤，然后将面膜均匀涂于脸上，避开眼部及唇部；

② 20分钟后，用清水洗净。每周敷一次即可。

试用报告

蜂蜜能帮助肌肤细胞重生，维生素E具有抗氧化作用。这款面膜能够有效保持肌肤的平整，改善粗糙与皱纹现象。部分人在使用含有维生素E的美容产品时会出现红肿、丘疹等接触性皮炎症状，一旦出现上述症状要立即停止使用。

美颜妙方

将半颗维生素E和少量珍珠粉用矿泉水调匀，泡开面膜纸，然后敷于脸上15分钟后清洗干净，可以紧致肌肤，使皮肤白皙、光滑、柔软。

蛋黄维E面膜

干性肤质的福音

适用肤质：各类肤质都适合，特别是干性肌肤。

美颜功效：可滋润特别干燥的肌肤，让肌肤重新充满活力。

制作费用：2元。

材料：

蛋黄1个，维生素E胶囊1粒。

做法：

① 将蛋黄打至起泡；
② 将维生素E胶囊剪破，与蛋黄混合。

用法：

① 用温水清洁脸部，然后将混合好的蛋黄维生素汁液均匀敷在脸部；
② 敷约20分钟洗净即可。

试用报告

用完这款蛋黄维E面膜后皮肤水润无紧绷感，细腻润滑了许多。维生素E可以帮助去除皱纹，若长期使用能够有效抗老化。

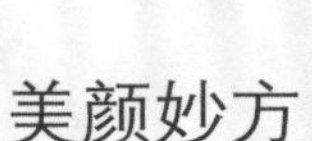

美颜妙方

取胡萝卜半根，去皮洗净榨汁，加入1个蛋黄搅拌均匀，敷在脸上，15分钟后用清水洗净，可以使肌肤更加细腻光滑。

黄瓜维C橄榄油面膜

在平衡中美白嫩肤

适用肤质：混合性肤质。
美颜功效：平衡肌肤，控制出油，并使干燥部位滋润美白。
制作费用：3元。

材料：

黄瓜半根，维生素C1片，橄榄油1小匙。

做法：

① 黄瓜洗净去皮，放入搅拌机中搅拌成泥状；
② 维生素C碾磨成细粉，越细越好，将碾好的粉末放入黄瓜泥中；
③ 在黄瓜泥中加入橄榄油搅拌均匀即可。

用法：

① 将面膜均匀涂于脸上，避开眼部及唇部，粗糙肌肤可先按摩脸后再敷；
② 15分钟后用清水洗净。

试用报告

这款面膜可起到收缩和细致毛孔，改善混合性肌肤毛孔粗大、易出粉刺的状况。在选购橄榄油的时候，要选择颜色透明、呈绿色的，打开盖子还会有淡淡的果香飘出来，这样的橄榄油才是最佳美容品。维生素C请选用白色无添加黄色色素的产品，有些黄色色素反而会将肌肤染黄。

美颜妙方

取1粒维生素C，磨成极细的末后加入少许纯净水溶解，用面膜纸吸收后敷脸，15分钟后取掉面膜纸，用清水洗净，可以起到很不错的淡化黑斑和美白的效果。

鱼肝油苏打面膜

拥有好气色

适用肤质：中干性肤质。
美颜功效：亮泽肌肤，收敛毛孔。
制作费用：3元。

材料：

苹果半个，蜂蜜2大匙，鱼肝油胶囊1粒，苏打粉1小匙。

做法：

① 苹果洗净，切成小块捣成泥备用；
② 把苹果泥和蜂蜜及苏打粉充分搅拌均匀；
③ 剪破鱼肝油胶囊，滴入②中搅拌均匀即可。

用法：

① 均匀敷在面部，避开眼睛及唇部周围肌肤；
② 约20分钟后用温水洗净。

试用报告

苹果和蜂蜜都有很好的滋润效果，能使皮肤恢复生气，拥有光泽。鱼肝油具有抗氧化作用，可提升面膜的品质。如果没有鱼肝油胶囊，也可使用瓶装液体鱼肝油代替。

美颜妙方

取半个苹果，去皮后捣成泥，滴入两滴鱼肝油搅拌均匀，在脸上敷15～20分钟后洗净，可以滋润、美白肌肤，很适合皮肤有点偏干性的MM使用哦！

珍珠洗米水面膜

华贵至尊美白

适用肤质：各类肤质均可使用。
美颜功效：能够使肌肤白净润滑，更具提拉紧肤的效果。
制作费用：2元。

材料：

珍珠粉2支，洗米水适量。

做法：

将珍珠粉与洗米水充分混合，调成糊状。

用法：

① 用温水清洁面部肌肤，然后将混合好的珍珠糊均匀涂抹在脸部；
② 使用约20分钟后即可冲洗干净。

试用报告

洗米水具有很好的保湿和美白功效，而珍珠就更不用提啦，自古以来就是女人们的美容珍品。洗米水加上珍珠粉，皮肤自然变得白皙、润泽、光滑、细嫩。

美颜妙方

洗米水固然有不错的美肤功效，也别小看了洗米水底下那一层有点黑黑的沉淀哟，这也是具有不俗美肤功效的好东西呢！将洗米水沉淀下来的米糠敷在脸上，能祛除黑头和粉刺，还可以提亮肤色，使暗沉的皮肤变得有光泽。这里需要注意的是：米糠不能敷得太频繁，一周敷一次就可以了。敏感性皮肤的人想做这款米糠面膜，最好先在耳朵后少量地敷上一点，看看自己的肌肤能不能适应，以免对皮肤造成伤害。

蛋清甘油面膜

紧肤补水二重奏

适用肤质：各类肤质均可，特别适合干性肌肤。

美颜功效：补充大量的水分，并且能有效地去除脸部皱纹。

制作费用：2元。

材料：

蛋清1个，甘油1小匙。

做法：

将蛋清加入甘油充分搅拌均匀。

用法：

① 用温水清洁脸部，然后将混合好的蛋清甘油液均匀敷在脸部；

② 敷约20分钟即可洗净。

试用报告

这款运用蛋清与甘油混合的面膜，一方面能够保持肌肤的平整，一方面又能够有效地滋润肌肤，使肌肤充满光泽。

美颜妙方

将甘油1小匙、酸奶半杯和爽肤水少量调匀，用面膜纸吸收后敷在脸上，半个小时后取下来，用清水洗净脸部，可以起到很好的补水功效哦！

花粉蛋黄面膜

重拾青春光彩

适合肤质：任何肤质，尤其是老化及受伤肌肤。

美颜功效：延缓肌肤老化，修复受损肌肤。

制作费用：3元。

材料：

食用花粉1小匙，蛋黄1个。

做法：

① 把花粉压碎成粉末，注意压的过程中不能使劲及太快，以免产生热力，破坏花粉中的营养成分；
② 将花粉加入蛋黄慢慢拌匀。

用法：

① 将花粉面膜均匀地涂在脸上，用手指由内到外打圈按摩；
② 15分钟后用冷水彻底清洗，抹上护肤用品。

试用报告

花粉不仅是维生素及矿物质的来源，更蕴含大量氨基酸、多种微量元素及生物活性物质。这款面膜可以增加皮肤营养，从而促进老化及受损的肌肤恢复平滑、弹性及光泽。另外，如果你属于油性皮肤，可以加几滴柠檬汁，干性或中性皮肤则可以加几滴鲜奶，效果会更好哦！

美颜妙方

食用花粉可以促进血液循环，调节内分泌，增强人体的免疫力，改善体质。花粉的吃法很简单，只要用温开水、牛奶或蜂蜜水送服就可以了。每天早晚各吃一次，每次吃5～10克，就可以达到很好的滋补效果。

“膜”法达人

question & Answer

用酸奶做面膜需要注意些什么？

首先是要坚持长期做。因为酸奶的营养物质颗粒比较大，吸收得比较慢，不会收到立竿见影的明显效果，但是坚持一段时间之后，皮肤就会变得特别水嫩、白皙。其次是要注意保持乳酸菌的活性。将酸奶在冰箱里取出来后，最好先在温暖的地方放一会儿，使其中的乳酸菌恢复活性，再用来做面膜，可以增强面膜的护肤功效。有些人会对酸奶面膜过敏，所以，在做酸奶面膜前应先做个皮肤测试。

一边洗澡一边敷保湿面膜，能使效果更好吗？

其实，保湿面膜的最佳敷用时间应该是洗澡后，而不是洗澡中。因为洗澡后皮肤表面的毛孔已经完全张开，这时候敷面膜，可以使皮肤吸收到更多养分，从而增强面膜的保湿效果。

将面膜冷藏后再用，效果会变好吗？

一般来说，冷藏后的面膜不但可以使皮肤吸收到更多的养分，还能为皮肤带来舒缓、镇静的效果。不过，有的面膜经过冷藏，可能使其中的某些成分变质，不能敷用。除了含有奶类、蛋类的面膜可以在冰箱里冷藏3天左右外，其他类型的面膜最好一次性用完，不要存放。

用维生素C做面膜需要注意什么？

这里指的维生素C并不是药店里销售的几元钱一瓶的维C药片，因为这种药片是酸性的，不能用在皮肤上。这里所说的维C是经过技术加工的维生素C合成物，如“维生素C磷酸酯镁”或“维生素C磷酸酯钠”等等，性质是中性的，可以加入精华素一起使用。干性皮肤和敏感皮肤的人在使用维生素C的时候一定要注意控制用量。

附录：面膜功效索引

天然美白祛斑面膜

天然补水保湿面膜

天然去皱抗衰老面膜

天然抗菌消炎面膜

天然深层清洁、去角质面膜

天然瘦脸面膜